Photoshop CC
图像处理入门教程

林卫星　林 竞｜编著

化学工业出版社

·北京·

本书是以 Photoshop CC 为软件基础，由浅入深，循序渐进地介绍了 Photoshop CC 软件的基本操作，包括图像选区的创建与编辑、图像色彩原理与绘制图像、修饰图像与图像色彩的调整、图层的基本操作与照片合成文字工具及文本处理、通道的应用、路径和动作、神奇的滤镜，强调了实用性，突出了趣味性。适合相关领域初学者及大专院校师生、技术人员参考。

本书配套素材可登录 http://download.cip.com.cn 免费下载。

图书在版编目（CIP）数据

Photoshop CC图像处理入门教程/林卫星，林竞编
著．—北京：化学工业出版社，2016.8
ISBN 978-7-122-27330-7

Ⅰ.①P⋯　Ⅱ.①林⋯②林⋯　Ⅲ.①图象处理软件-
教材　Ⅳ.①TP391.41

中国版本图书馆CIP数据核字（2016）第129070号

责任编辑：曾照华　　　　　　　　　　　　文字编辑：谢蓉蓉
责任校对：宋　夏　　　　　　　　　　　　装帧设计：韩　飞

出版发行：化学工业出版社（北京市东城区青年湖南街13号　邮政编码100011）
印　　装：北京彩云龙印刷有限公司
787mm×1092mm　1/16　印张15　字数389千字　2016年9月北京第1版第1次印刷

购书咨询：010-64518888（传真：010-64519686）　　售后服务：010-64518899
网　　址：http://www.cip.com.cn
凡购买本书，如有缺损质量问题，本社销售中心负责调换。

定　　价：69.00元　　　　　　　　　　　　　　　版权所有　违者必究

Ps

前言

      随着计算机应用的飞速发展,计算机已进入千家万户,成为人们日常生活中离不开的伙伴。

      编者从事计算机应用教学多年,主要讲授计算机对数码图像的处理。我们查阅了大量有关图像处理的书籍,认为适合计算机基础较为薄弱的人群自学教材甚少,好多教材理论知识讲得很全面,但实际应用范例比较少,且操作步骤讲解得不够详细,可操作性不强。大部分自学者尤其是中老年人由于计算机基础比较薄弱,理论性的接受相对比较困难,但他们求知欲强,勤奋好学,特别是对计算机图像处理知识非常感兴趣,很想学会用计算机对数码照片进行处理。针对这种情况,我们编写了这本适合于计算机基础要求不高的人群自学的教材。本书针对大部分自学者的特点,采用通俗易懂,理论与实际操作紧密结合的方式,由浅入深,循序渐进,把每一个章节、每一个应用案例以图文的形式细化讲解,让读者可以一看就懂,一学就会,很适合自学者上机自学。我们希望让全国更多的计算机爱好者,能够通过这本教材在短时期内自学掌握图像处理的技巧。本书配套素材可登录 http://download.cip.com.cn 免费下载。

      本书是由宁波老年大学教师林竞和宁波大学教授林卫星共同编写的。本教材的编写参考了相关的文献,在此向这些文献的作者表示感谢。由于编写时间仓促,在书中难免会出现疏漏或不足之处,希望读者能提出宝贵意见。

编　者

2016 年 3 月

Ps

目录

Ps

第1章

Photoshop CC 简介

1.1 Photoshop CC 软件由来

Photoshop 是 Adobe 公司旗下最为著名的图像处理软件之一。Adobe 公司成立于 1982 年，是美国最大的个人电脑软件公司之一。1985 年，美国苹果（Apple）电脑公司率先推出图形界面的 Macintosh 麦金塔系列电脑。

1987 年秋天，Michigan 大学的一位研究生 Thomas Knoll（托马斯·洛尔）编制了一个程序，为了在 Macintosh Plus 机上显示灰阶图像。最初他将这个软件命名为 display，后来这个程序被他哥哥 John Knoll（约翰．洛尔）发现了，John 建议 Thomas 将此程序用于商业价值。John 也参与开发早期的 Photoshop 软件，插件就是他开发的。

在一次演示产品的时候，有人建议 Thomas 这个软件可以叫 Photoshop，Thomas 很满意这个名字，就保留下来了。1988 年夏天，John 在硅谷寻找投资者，并找到 Adobe 公司，11 月 Adobe 跟他们兄弟签署协议——授权销售。1996 年 11 月 Photoshop 4.0 发行成功，并有可能成为 Adobe 公司最赚钱的产品，此时 Adobe 才买下软件的所有权。

Photoshop 系列中，在中国地区使用最广泛的有 Photoshop 7.01、Photoshop 8.01、Photoshop 9.01、Photoshop 10.0 等。其中 8.0 1 的官方版本号是 CS，9.01 的版本号是 CS2……本书使用的版本号是 CC，即相当于 CS7；当然，以后会继续升级，使其功能更加强大。

1.2 Photoshop CC 软件特点

1.2.1 软件特点

Photoshop CC 是一款优秀的图像处理软件，同时它也具备良好的绘画与调色功能，它集图像设计、扫描、编辑、合成以及网页设计、多媒体制作、动画制作功能于一体，是当今非常流行的且深受广大摄影爱好者欢迎的图像处理软件之一。

什么是图像处理？

图像处理，是利用某种手段对图像进行分析、加工和处理，使其满足视觉、心理以及其他一些技术要求。目前大多数的图像是以数字形式存储，因而图像处理很多情况下指数字图像处理，那么处理图像必定要具备计算机和特定的软件。

1.2.2 软件应用领域

Photoshop CC 软件应用于平面广告设计、绘画、图像编辑、图像合成、特效制作、照片处理及网页制作等；它支持数码相机和扫描仪。本书主要介绍 Photoshop CC 软件对图像怎样处理。

1.2.3 软件安装对电脑的要求

（1）硬件：CPU 2GHz 以上，内存 2GB 以上，独立显卡 512MB 以上，1024×768 分辨率的显示器（推荐 1280×800）；40GB 以上的硬盘，32 位视频显卡，目前都已是 32 位。

（2）系统软件：Windows 7 或 Windows 8 系统软件均可，本书系统软件为前者。

1.3　Photoshop CC 安装和启动

1.3.1 软件安装

首先要有 Photoshop CC 软件，该软件要到 Adobe 官网去获取，官网地址是：http://www.adobe.com/downloads.html，当然需要注册成为会员。安装只需要按照提示一步步去做就行了，但要注意从官网获取安装序列号。还有，如果软件安装不成功，要卸载干净后才能重新安装。

安装成功后，在桌面会生成快捷命令图标，如图 1.1 所示。

1.3.2 软件启动与退出

在桌面上双击 Photoshop CC 快捷图标可打开软件，进入窗口界面。

（1）介绍两种启动 Photoshop CC 的方法。

图 1.1　快捷图标

方法一：桌面快捷方式，双击图 1.1 所示的 Photoshop CC 图标。

方法二：双击已经存盘的任意一个 PSD 格式的 Photoshop 图像文件。

（2）Photoshop CC 的退出（关闭）

方法一：单击最右上方的 ✕ 按钮直接关闭；

方法二：执行菜单"文件—退出"命令；

方法三：双击标题栏左上角的图标 Ps 即可退出。

1.4　Photoshop CC 工作界面介绍

Photoshop CC 工作界面如图 1.2 所示。

（1）菜单栏：位于工作界面的顶端，该栏包含了 Photoshop CC 所有的命令，通过这些命令可以实现对图像的处理操作。菜单栏共有 11 个菜单，每个菜单都带有一组命令，这些命令又可分为五种类型。

① 普通菜单命令：直接可以应用的命令，它旁边没有特殊标记。如："视图—放大"命令。

② 对话框菜单命令：在菜单命令名称后面带有省略号的命令，单击这些命令会出现一个对话框，需要在对话框中进行参数设置；不同的命令所对应的对话框不一样，那么设置内容也不同。如："文件—新建"命令。

③ 子菜单命令：在菜单命令的右端带有一个小黑色的实心三角图标"▶"，当鼠标移到该命令上时，会出现下一级菜单，通常这种命令它包含了许多选项。如："图像—调整—……"命令。

图 1.2　**Photoshop CC 工作界面**

④ 条件菜单命令：通常菜单显示是灰色的，不能执行，当满足一定条件后，该命令才被激活，变为黑色，方可执行。如"选择—取消选择"命令。

⑤ 快捷菜单命令：在菜单命令的右边有字符显示，通常是由键盘上控制键及其它字母键（或符号键）组合而成，如"文件—新建"命令可按"Ctrl + N"组合键。

⑥ 执行命令菜单，这种命令如果被执行了，在该命令的左边会出现一个黑色的勾，如"窗口—历史记录"命令。

注意：菜单栏的右端为最小化、最大化 / 恢复及关闭按钮 ▭ ▢ ✕ 。

（2）工具选项栏（又称工具属性栏）：工具选项栏是专门用来对工具进行参数设置的，它有很大的可变性，每一种工具都有它自己的选项（属性），如图 1.3 所示。

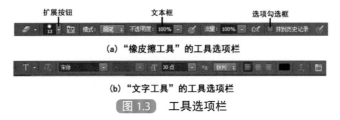

(a)"橡皮擦工具"的工具选项栏

(b)"文字工具"的工具选项栏

图 1.3　**工具选项栏**

① 扩展按钮 ▾（也称下拉按钮）：单击该按钮，可以拓展出下拉列表或选项。

② 文本框：单击文本框，可以输入数值，按回车键确认；如果文本框右边有扩展按钮 ▾，单击该按钮可以展开调节滑块，拖移滑块调整，也可直接在文本框中置数。但文字工具的工具选项栏中的文本框扩展按钮 ▾ 不一样，单击它时展开下拉列表，可在列表中单击选择字体或字体大小的点数。

（3）工具箱：工具箱中包含了 Photoshop CC 软件中所有工具。在工具箱中，大部分工具图标右下角均带有小三角形的按钮，表示它是一个工具组，有隐藏工具，在工具图标上右击（也称点右键）或按下左键都会显示出隐藏的工具，如图 1.4 所示，这是一个选框工具组。

（4）工作区（又称文档窗口）：是进行图像处理的主要区域，在此，可以打开一个或多个文档分别进行操作。在图像工作界面的选项卡上，可以查看该图像文件的名称、格式、显示比例和色彩模式。

（5）状态栏：它位于图像工作界面的底部，如图 1.5 所示，主要显示当前打开图像的文件信息，即图像文件的显示比例和文件大小，单击右边的三角形按钮可以显示出文档其他信息内容。

（6）面板组（又称调板）：共有 24 块面板，一部分位于工作界面的右侧，而"窗口"菜单里共罗列了 24 个面板，当单击开"窗口"菜单时，需要哪一块面板，可直接单击它，使黑色的勾出现在该面板名称的左边，那么这块面板就会显示在工作界面中。表 1.1 罗列了部分面板的名称及基本功能。

图 1.4　选框工具组　　　　　图 1.5　状态栏

表 1.1　部分面板简介

序号	面板名称	功能
1	导航器	用于显示图像的缩览图。可以改变显示比例，迅速移动图像显示内容
2	直方图	用坐标来观察图像，表示图像每个亮度级别的像素数量，展示像素在图像中的分布情况
3	信息	用于显示鼠标指针所在位置的坐标值，以及鼠标指针当前位置的像素的色彩数值
4	颜色	用于选取或设置颜色，以便用于工具绘图和填充等操作
5	色板	功能类似于"颜色"面板，用于选择颜色
6	样式	用于将预设的效果应用到图像中
7	图层	用于控制图层的操作，可以进行新建或合并图层等操作
8	通道	用于记录图像的颜色数据和存储选区等操作
9	路径	用于建立矢量式的图像路径
10	动作	用于录制一连串的编辑操作，以实现操作自动化
11	历史记录	用于记录图像处理时的操作步骤，并帮助恢复到操作过程中的某一步状态。另外，它可以比较出图像处理前与处理后的效果
12	字符	用于控制文字的字符格式
13	段落	用于控制文本的段落格式
14	测量记录	用于记录测量数据。测量记录中的每一行表示一个测量组，列表示测量组中的数据点
15	仿制源	用于为仿制图章工具或修复画笔工具提供多个不同的样本源
16	画笔	用于定义笔刷的大小、硬度、形状及动态等信息
17	工具预设	用于设置画笔、文本等各种工具的预设参数
18	选项	即工具选项栏，用于显示当前所选工具的各项信息
19	图层复合	可以保存图层的各种叠加复合效果，以便快速查看

1.5　优化组合 Photoshop CC 的工作界面

在处理图像时，可根据操作需要或个人喜好来设置工作界面，这样在处理图像时会感觉更方便、快捷。

1.5.1　面板的收缩、扩展及移动

1.5.1.1　认识折叠图标

第一步：执行"文件—打开"命令（所谓"执行……命令"就是到菜单栏单击"文件"，在弹出的下拉菜单中单击"打开"），打开一张照片，在弹出的打开对话框中找到"图像素材"文件夹，打开"19 风景 02.jpg"照片。

第二步：在 CC 工作界面的右端是"面板组"，且处于展开状态，如图 1.6 所示，图中的两边各有两个双三角形，统称为折叠图标；左边的为"展开面板"图标，右边的为"折叠为图标"，分别单击这两个图标，可将面板收缩或展开。

第三步：在工具箱顶端也有个折叠图标，单击它可让工具箱进行单、双排切换，如图 1.7 所示。

图 1.6　折叠图标

图 1.7　单双排切换

1.5.1.2　面板的拆分、关闭与移动

在处理照片时，右端的面板多数是不常用的，都展开的话，一个是乱，另一个是占工作区面积，不方便操作。利用下面的步骤可优化工作界面。

第一步：单击"图层"面板，显示的是"图层"面板的内容，如图 1.8 所示，与它共在同一个选项卡里的，还有"通道"和"路径"面板，若单击"通道"，显示的是"通道"面板的内容，如图 1.9 所示。

图 1.8　图层面板内容

图 1.9　通道面板内容

第二步：将"图层"面板分离出来，鼠标点住"图层"两个字，按下左键将"图层"面板拖移出来，使其独立成为一块面板，再单击"折叠为图标"，将其他面板收缩回去，如图 1.10 所示。

第三步："历史记录"面板，在右端是以 [图标] 图标的方式隐藏着，单击它可展开"历史记录"面板，当然，也可以执行"窗口—历史记录"命令将其打开。

"图层"面板和"历史记录"面板是两块最常用的面板，在处理图像时这两块面板要处于展开显示状态，如图 1.11 所示，这样的界面是比较简捷的，如果想把这种工作界面保存成简捷面板的模式，可做下列操作。

第四步：执行"窗口—工作区—新建工作区"命令，会弹出图 1.12 所示对话框，在"名称（N）"栏中填写"简捷面板"，然后单击"存储"，这样，设置的简捷界面就被保存了，在工具选项栏就增加了"简捷面板"按钮（右上角），如图 1.13 所示，单击它，窗口就显示为简捷界面，执行"窗口—工作区—简捷面板"命令也可。它的好处在于扩大文档显示区，在处理两个以上文档时工作区不会很拥挤。

图 1.10 图层面板

图 1.11 简捷界面

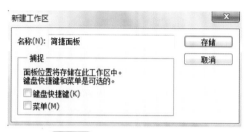

图 1.12 新建工作区对话框

图 1.13 简捷面板按钮

图 1.14 面板关闭操作

第五步：面板的展开与关闭，在面板组区若找不见所需的面板，可单击"窗口"菜单，从中找到需要打开的面板单击即可。已经展开的面板如果不需要了，可在该面板的名称上右击，在弹出的菜单上单击"关闭"，也可单击关闭按钮，如图 1.14 所示。

注意："窗口"菜单是管理 Photoshop CC 界面的。

1.5.2 历史记录条数增加

"历史记录"面板通常默认记录保存条数为 20 条，当操作步骤超过 20 步后，历史记录条数会溢出，要想追加"历史记录"面板的记录条数，可执行"编辑—首选项—性能"命令，会出现"首选项"设置对话框，如图 1.15 所示，在"历史记录状态 (H)"栏输入 50 后单击"确定"，也可以将"历史记录状态 (H)"的三角单击开，用拖移滑块的方式追加历史记录条数，如图 1.16 所示。最多可以追加 1000 条。但历史记录条数追加太多会占电脑内存，使得软件运行变慢，一般 50 条即可。

图 1.15 "首选项—性能"设置对话框

图 1.16 "历史记录"设置

第2章
Photoshop CC 的基本操作

2.1 Photoshop CC 的专业术语

（1）像素：像素是图像的基本单位，它是一个个有色彩的小矩形，每个像素都有其明确的位置及色彩值。一个图像由若干个像素组成，像素越多，包含的信息量就越大，文件也越大，图像的品质也越好。像素为"位图"图像中的最小单位。

（2）分辨率：分辨率是衡量图像细节表现力的技术参数，它分图像分辨率、屏幕分辨率及打印分辨率。

① 图像分辨率：指图像中每英寸含有的像素数，单位为像素 / 英寸（PPI），分辨率越高，每英寸中含有的像素点就越多，相应图像的细腻度也越高，图像越清晰，存储容量也会大。

② 屏幕分辨率：是指显示器或电视屏幕上每单位面积显示的像素数量，单位为点 / 英寸（dpi），屏幕分辨率大小取决于显示器和电视屏幕的大小及像素设置。

③ 打印分辨率：打印机分辨率又称为输出分辨率，是指在打印输出时横向和纵向两个方向上每英寸最多能够打印的点数，通常以点 / 英寸（dpi）表示。

（3）位图图像：由称作像素（Pixel）的单个点组成。这些点可以进行不同的排列和染色以构成图像，当放大位图时，可以看见构成整个图像的无数单个小矩形块。位图占磁盘空间大，进行缩放或旋转时容易产生画面失真现象。

（4）矢量图：矢量图是使用直线和曲线来描述图形，它又称向量图形。这些图形的元素是一些点、线、矩形、多边形、圆弧线等，它们都是通过数学公式计算获得的。它体积较小，无论放大、缩小或旋转等，都不会失真。它与分辨率无关，但它的图形颜色不丰富，层次不细腻，制作出的图像不会很逼真，不适合制作色彩变化较大的图像，也不便于在不同软件之间进行交换。

（5）图像文件的格式：所谓图像文件的格式是从文件的扩展名来识别的，在 Photoshop CC 中，能够支持二十多种格式的图像，表 2.1 仅罗列一些常见的图像文件格式。

表 2.1　常见的图像文件格式

序号	文件类型	文件功能
1	JPEG 格式（简称 JPG 或 JPEG 格式）	此格式是目前最流行的图片格式，如数码照片多是这种格式，它最大的特点是文件比较小，经过高倍率的压缩，可用于网页制作；但它在压缩保存的过程中会以失真方式丢掉一些数据，因而保存后的图像质量没有原图的质量好。JPG 格式支持 RGB、CMYK 等颜色模式

序号	文件类型	文件功能
2	PSD 格式	此格式是 Photoshop 的固有格式,利用该模式能很好地保存图层、通道、路径、蒙版以及注释等,不会导致数据丢失等,这种格式便于图像的修改,PSD 格式支持所有颜色模式。但由于它存储的信息多,生成的文件也比较大
3	TIFF 格式	这也是一种应用比较广泛的图像文件格式,它能够保存图层、通道、路径,它支持 RGB、CMYK 等多种颜色模式。主要用于桌面排版及图形艺术
4	GIF 格式	这是专用于网络传输的文件格式,它采用 LZW 压缩,限定在 256 色以内的色彩,因此,这种格式的图像文件容量很小。它还支持简单的动画,网页中很多小动画就是这种格式的图像。另外它还能够制作背景是透明层的图像
5	BMP 格式	此格式最早应用于微软公司,是一种 Windows 标准和位图式图形文件格式。它支持 RGB、索引、灰度和位图颜色模式,不支持通道
6	PNG 格式	是一种无损压缩的网页格式,它将 GIF 和 JPG 格式最好的特征结合起来,它支持 24 位真彩色、透明和 Alpha 通道
7	RAW 格式	一种未经处理过的图像文件格式,是一些高端相机输出几乎无损的压缩图片格式

2.2 图像文件的新建与保存

2.2.1 新建图像文件

方法一:要创建一个新的图像文件,可以在菜单中执行"文件—新建"命令,执行该命令后会出现图 2.1 所示对话框。

(1)名称:用于输入新文件的名称。若不输入,则默认以"未标题 -1"为名。如连续新建多个,文件会按顺序命名为"未标题 -2"……

(2)宽度和高度一般都取厘米(单击扩展按钮▼即可获得),如图 2.2 所示。

(3)分辨率设置通常为像素 / 英寸。

图 2.1 "新建"对话框

图 2.2 尺寸单位设置

(4)颜色模式取 RGB 颜色、8 位。

(5)单击"背景内容"的扩展按钮▼,如图 2.3 所示,选"白色"的,这样创建的是空白图片,在"图层"面板上,它的图层是"背景"层;如果选"透明"的,创建的图片,它的图层是"图层 1",它的编辑区是灰白网格状的;如果选"背景色",则是以工具箱里的背景色为底色的图片,它的图层也是"背景"层。

方法二:用快捷命令键 Ctrl + N。

案例 2-1 新建白色背景空白图像

新建一个 40 厘米 ×40 厘米，分辨率是 72 像素 / 英寸，RGB 颜色模式的，背景内容为"白色"的图像。

案例 2-2 新建背景色空白图像

将工具箱背景色设置为黑色，即单击前、背景色互换按钮，如图 2.4 所示，新建一个 30 厘米 ×30 厘米，分辨率是 200 像素 / 英寸，RGB 颜色模式的，背景内容为"背景色"的空白图像。

图 2.3　背景内容设置

图 2.4　单击互换

案例 2-3 新建背景透明空白图像

新建一个 20 厘米 ×20 厘米，分辨率是 72 像素 / 英寸，RGB 颜色模式的，背景内容为"透明"的空白图像。

2.2.2　保存图像文件

不管是新创建的图像文件，还是对打开旧的图像文件进行过编辑与修改，在操作完之后，都要对其进行保存。

（1）新图像文件的保存

可在菜单中执行"文件—存储"命令（或按"Ctrl + S"），会弹出"另存为"对话框，如图 2.5 所示；按照图示顺序操作，①单击"计算机"，显示出计算机的几个存储盘；②双击某个盘进入（例如 K 盘），双击打开某个文件夹；③在"文件名 (N)："栏内填写好文件名称；选择"保存类型"时要按照图 2.6 所示顺序操作；④到"保存类型 (T)："栏单击扩展按钮▼，指定要保存文件的格式（如图 2.6 所示）；⑤单击"**JPEG(*.JPG*.JPEG;*.JPE)**"（简称 JPG 格式），初学者先选择这种格式；最后单击"保存" 保存(S) 按钮。

图 2.5　图像"另存为"对话框

图 2.6　选择保存类型

"保存"单击后会弹出"JPEG 选项"对话框，如图 2.7 所示，这里面有个"品质"选项，一般默认是"高"，把"小文件—大文件"之间的滑块拖到最右边，是"最佳"品质，单击"确定"。

注意：品质选最佳，存储容量相对会大一些。

如果保存成 PSD 格式（**Photoshop(*.PSD;*.PDD)**），会弹出"Photoshop 格式选项"提示框，如图 2.8 所示，在这个提示框中①单击"不再显示"，将其勾选；②单击"确定"。这样以后"保存类型"再选择 PSD 格式时，就不会再弹出提示了。

（2）对旧图像文件编辑修改后的保存

① 直接在菜单栏执行"文件—存储"命令（或按"Ctrl + S"），保存的文件会覆盖掉旧文件。

② 如果不想覆盖旧的图像文件，而且还想保留当前修改过的图像文件，要在菜单栏中执行"文件—存储为"命令（或按"Ctrl + Shift + S"），仍会出现图 2.5 所示"另存为"对话框，同样，要先找好保存位置，再起名称，并选择好保存文件的格式（类型），最后单击"保存" 保存(S) 按钮。

图 2.7　JPEG 选项对话框

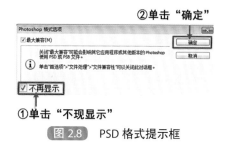

图 2.8　PSD 格式提示框

2.3　图像文件的打开、浏览及关闭

2.3.1　打开图像文件

打开图像文件有四种方法。

方法一：鼠标双击工作区，会弹出"打开"对话框，如图 2.9 所示；①单击"计算机"，②找到存放图像文件的盘双击（例如 K 盘），找到需要打开的图像（本书提供的素材都放在"图像素材"文件夹里），双击即可打开。

方法二：在菜单栏执行"文件—打开"命令。

方法三：按 Ctrl + O 组合键，也会弹出"打开"对话框。

方法四：如果要打开最近编辑过的图像文件，可执行"文件—最近打开文件"命令，在默认的情况下，"最近打开文件"子菜单中将列出最近打开的多个图像文件，单击任意一个文件即可打开图像文件。执行"编辑—首选项—文件处理"命令，可设置"最近打开文件"条数。

方法五：利用 Bridge 浏览器，Bridge 是 Adobe 软件套装中的一个软件，要另外安装的，安装好后在桌上生成一个快捷图标，如图 2.10 所示，在打开 CC 软件之前要先打开它，这样在 CC 软件界面才能应用它。另外在 Bridge 软件界面（如图 2.11 所示）打开图像文件可直接打开 Photoshop 软件。

例如：双击工作区，打开"18 风景 01.jpg"照片，会弹出打开"对话"框，如图 2.9 所示，双击 K 盘（本案例图像是放在 K 盘"图像素材"文件夹内），双击"图像素材"文件夹，找到"18 风景 01.jpg"照片双击，会弹出如图 2.12 所示的对话框，这是"Camera Raw"的一个界面，它是调节 RAW 格式照片的界面，在此不做详细介绍，在这个界面中要单击"打开图像"按钮（在右下方），图 2.13 是照片打开状态。

注意：如果没有安装过"Camera Raw"插件，打开照片就直接是图 2.13 所示界面。

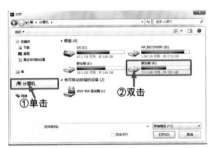

图 2.9　"打开"对话框

图 2.10　Bridge 图标

图 2.11　Bridge 管理界面

图 2.12　"Camera Raw"界面

图 2.13　照片打开状态

2.3.2　图像文件的排列

Photoshop CC 在打开两个或两个以上图像文件时，一般默认是"将全部内容合并到选项卡排列"，即标题栏并列在一起，只显示一个图像文件，如图 2.14 所示，这是打开了三张照片的选项卡。若要分离显示，有三种方法。

| 18风景01.JPG @ 50%(RGB/8) ✕ | 19风景02.JPG @ 50%(RGB/8*) ✕ | 09火烧云.jpg @ 100%(RGB/8#) ✕ |

图 2.14　全部合并排列

方法一：执行"窗口—排列"命令，在展开的子菜单中有若干种排列方式，如图 2.15 所示，单击"三联垂直显示"，三张照片可以并排显示，如图 2.16 所示。

图 2.15　"排列"菜单

图 2.16　三张照片三联垂直显示

方法二：执行"窗口—排列—在窗口中浮动"命令，可以让两张照片单独以浮动窗口形式显示，如果打开了三张或三张以上照片，可执行"窗口—排列—使所有内容在窗口中浮动"命令，让所有照片浮动显示，如图 2.17 所示。

方法三：在全部合并排列时，用鼠标左键点住文件名向下拖移也可浮动显示。

2.3.3　图像文件的浏览

图像文件的浏览有多种方法。

方法一：利用"导航器"面板浏览，如图 2.18 所示，用鼠标左键点住缩放滑块向左拖移是缩小，向右拖移是放大；也可以单击缩小按钮或单击放大按钮进行缩放，图像放大或缩小都有显示比例。当图像被放大后，导航器面板上会出现一个红色的矩形框，直接用鼠标左键点住红色矩形框拖移（此时鼠标变为抓手 🖐 图标），可达到局部浏览的效果。

图 2.17　浮动显示

图 2.18　"导航器"面板

方法二：用快捷命令组合键"Ctrl ＋＋"放大，"Ctrl ＋－"缩小，用"空格键＋鼠标"拖移（此时鼠标变为抓手 🖐 图标）是局部浏览图像。只有放大后才能局部浏览。

方法三：用工具箱中的"缩放工具" 🔍 进行浏览，单击该工具后，在工具选项栏中会出现"🔍"镜和"🔍"镜，加号表示放大，减号表示缩小，那么，在决定放大或缩小时，要在工具选项栏中单击"🔍"镜或"🔍"镜，再到图像上去单击即可。对图像放大后要想局部浏览，要在工具箱中单击抓手工具 🖐 ，在图像上按下鼠标左键拖移，即可局部浏览。

方法四：按下"Alt"键，转动鼠标滚轮也可放大或缩小图像。

注意：① 这种放大与缩小只是视觉上的一种放大与缩小，并不是图像的尺寸在放大或缩小，它便于对照片局部处理。

② 放大或缩小浏览后的图像，要按"Ctrl ＋ 0"组合键（或执行"视图—按屏幕大小缩放"命令），将图像按窗口大小显示（也称满画布显示）。

2.3.4　图像文件的关闭

方法一：直接执行"文件—关闭"命令，如果对该图像文件作过编辑与修改，此时会出现提示对话框，如图 2.19 所示，提示是否在关闭的同时对这个图像文件进行保存，可以根据需要，在"是"、"否"或"取消"三个按钮之间进行选择。

方法二：按下"Ctrl ＋W"或"Ctrl ＋ F4"组合键也可关闭已打开的图像文件。

方法三：单击图像窗口标题栏右侧的关闭按钮 ✖ 直接关闭。

方法四：双击图像窗口标题栏左侧第一个图标 Ps 即可关闭。

方法五：如果打开了多个图像文件，要想一次性将它们全部关闭，可执行"文件—关闭全部"命令（或按"Ctrl ＋ Alt ＋ W"）。

注意：为了不破坏"图像素材"内的照片，希望在关闭时单击"否"，如果对图像处理的结果很想保存，可在关闭前执行"文件—存储为"命令，做一个保存。

图 2.19 关闭文件提示对话框

2.4 图像大小及画布大小的调整

2.4.1 图像大小调整

在编辑图像的过程中，常需要对图像的像素大小、文档尺寸及分辨率进行查看或修改，以得到符合设计需要的尺寸。执行"图像—图像大小"命令可打开"图像大小"对话框，如图 2.20 所示，也可在图像标题栏上右击，在弹出的菜单中单击"图像大小"。

在图像大小对话框中，如果单击"约束比例"按钮，更改宽度尺寸时，高度不受约束，但上面的"尺寸"栏里的原始拍摄像素值会被改变，如图 2.22 所示；若将"重新采样"选项的钩单击去掉，图像宽度、高度及分辨率相互约束，而原始像素被锁定，不会改变，如图 2.23 所示。

图 2.20 "图像大小"对话框

图 2.21 受约束修改

图 2.22 不受约束修改

案例 2-4 改变照片尺寸

第一步：双击工作区，打开"19 风景 02.jpg"照片。

第二步：执行"图像—图像大小"命令（也可在图像文件标题栏上点右键，在弹出的菜单中单击"图像大小"），会弹出"图像大小"对话框，如图 2.20 所示。

第三步：在"图像大小"对话框中，直接改变文档大小，在宽度栏中输入 15.2 厘米，高度会自动变成 11.4 厘米，而分辨率没有改变，仍为 240 像素／英寸，此时，像素大小被改变了，如图 2.21 箭头所指"尺寸"位置，像素降低了，单击"确定"按钮。

更改图像的像素大小不仅会影响图像在屏幕上的大小，还会影响图像质量及打印效果。

第四步：在"历史记录"面板上单击"打开"，重新执行"图像—图像大小"命令，在"图像大小"对话框中单击"约束比例"按钮，去掉链接，如图 2.22 所示，输入宽度 12.7 厘米，高度 8.9 厘米，此时，像素大小还是被降低了，设置好后单击"确定"。

第五步：在"历史记录"面板上单击"打开"，重新执行"图像—图像大小"命令，在"图像大小"对话框中将"重新采样"的钩去掉，在宽度栏中输入 12.7，高度会自动变成 9.52，分辨率也自动提高，如图 2.23 所示，这种修改可以说对原照没有任何损伤。

2.4.2 裁剪工具改变尺寸

使用工具箱中的"裁剪工具" 对图像的大小进行裁剪，同样可以方便地获得需要的图像尺寸。需要注意的是，单击"裁剪工具"后，在工具选项栏要设置参数。下面用一个例子来说明。

案例 2-5 裁剪 1 寸证照片

第一步：双击工作区，打开"86 证件照制作 .jpg"照片，如图 2.24 所示。

第二步：到工具箱单击"裁剪工具"，如图 2.25 所示；在第一次使用剪裁工具时，要在工具选项栏单击裁剪比例及尺寸设置按钮，如图 2.26 所示，选择"宽×高×分辨率"选项。

第三步：在工具选项栏的文本框内输入宽度 2.5 厘米（"厘米"两个字不用输，会自动默认的），高度 3.6 厘米，分辨率 600 像素／英寸；如图 2.27 所示。

注意：该工具选项栏右侧有两个按钮，一个是"取消" ，一个是"提交" ，在裁剪框出现后才会激活。单击"清除" 清除 按钮，是将"宽度"、"高度"和"分辨率"三个文本框内的数据全部清空，不受尺寸约束的裁剪。

图 2.23 去掉"重新采样"的钩

图 2.24 证件照制作

图 2.25 裁剪工具

图 2.26 设置按钮

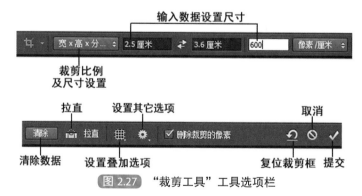

图 2.27 "裁剪工具"工具选项栏

第四步：从左上方开始按下鼠标左键向右下方拖动，松开鼠标，一个裁剪框出现了，如图 2.28 所示；如果位置不合适，可用鼠标左键点住裁剪框拖移调整，也可用键盘上的方向键上下左右移动调整，如果裁剪框大小不合适，可将鼠标放到顶角上的控制点上，鼠标形状变成双箭头时，按下左键向外拖或向里拖。

第五步：按回车键确认（去掉裁剪框）。若认为不合适，在工具选项栏单击"取消" ，重新再裁。这样，一张 1 寸证件照就裁剪好了。若裁切坏了，可到"历史记录"面板上回退到"打开"。

第六步：经过裁剪的照片，由大尺寸变成小尺寸，在屏幕显示上变得很小，可按 "Ctrl ＋ 0"（或执行 "视图—按屏幕大小缩放" 命令）让照片按屏幕大小缩放。

如果裁剪框存在，想选择工具箱中其他任意一个工具，都会出现如图 2.29 所示的提示框，在这个提示框中有三个选择，即 "裁剪"、"取消" 和 "不裁剪"，此时可根据需要单击点选。

另外，"裁剪工具" 还可用来调整倾斜的照片。

案例 2-6　调倾斜照片

第一步：双击工作区，打开 "65 调整倾斜照片 .jpg" 照片，这是一张拍摄时歪了的照片，需要向顺时针方向旋转调整；如图 2.30 所示。

第二步：在工具箱单击 "裁剪工具" 🔲 ，查看一下工具选项栏数值框中有没有数据，如果有就单击 "清除" 🔲清除 按钮，将数据清空。

第三步：在工具选项栏单击 "拉直" 🔲拉直 按钮，以教堂顶十字架为中心点，向下垂直地面拖画直线，如图 2.31 所示，画完直线后状态如图 2.32 所示。

图 2.28　拖出裁剪框

图 2.29　提示对话框

图 2.30　调整倾斜照片

第四步：按回车键结束裁剪（或单击✅），校正后的效果如图 2.33 所示，执行 "文件—存储为" 命令，将校正好的照片保存在自己的文件夹里，最好另外起个名字。

图 2.31　向地面拖直线

图 2.32　画完直线后状态

图 2.33　校正后效果

2.4.3　画布大小调整

画布是指绘制和编辑图像的工作区域，也就是图像显示区域。调整画布大小可以在图像四边增加空白区域，或者裁切掉不需要的图像边缘。

要调整画布大小，首先打开一张照片，例如"85 证件照 .jpg"，如图 2.34 所示，然后到菜单栏执行"图像—画布大小"命令，会出现如图 2.35 所示对话框。

图 2.34　证件照

图 2.35　"画布大小"对话框

图 2.35　单击定位

案例 2-7　给 1 寸证件照排版

第一步：双击工作区，打开"85 证件照 .jpg"照片，如图 2.34 所示。

第二步：执行"图像—画布大小"命令，输入尺寸，宽 11.5 厘米，高 7.5 厘米（5 寸照片的实际尺寸是宽 12.7 厘米，高 8.9 厘米，给证件照排版，要预留出白边，所以宽和高都要设置的比实际尺寸小一点）。

注意：定位很关键，要定什么位置，一定要在画布大小对话框中去单击"定位"指针（箭头），这个例子是将第一张照片排在左上角（照片要从左到右、从上到下排版），所以将左上角指针要单击成点状态，如图 2.35 所示（原来的定位状态是中间空，意思是居中排列），单击"确定"。这时整个画布会显示的不完整，只能看到局部，按"Ctrl ＋ 0"让照片按屏幕大小缩放显示，可得到图 2.36 所示画布界面。

第三步：在工具箱单击"移动工具" ，鼠标指针移放在左上角第一张照片上，左手按下"Alt"键，右手按下鼠标左键向右拖移（复制），放合适后松开鼠标，如图 2.37 所示，此时再看"图层"面板，图层增加了一层叫"背景副本"层。

图 2.36　第一张照片排版

图 2.37　两张照片排版

再重复这样的操作，复制出第三张、第四张（如图 2.38 所示），在"图层"面板上又增加了"背景副本 2"和"背景副本 3"，如图 2.39 所示。

第四步：执行"图层—合并可见图层"命令（或按"Ctrl ＋ Shift ＋ E"），将"图层"面板上的四个图层合并为一个图层，叫"背景"层。如图 2.40 所示。

第五步：重复第三步操作，用"移动工具" ，鼠标移放到上面一排照片上，左手按下"Alt"键，右手按下鼠标左键，点住上面一排证件照向下拖移复制，放合适后松开鼠标，这样 8 张照片就排好了，如图 2.41 所示。

第六步：执行"图层—合并可见图层"命令（或按"Ctrl ＋ Shift ＋ E"），将图层合并为一层（如图 2.42 所示）。

图 2.38　四张照片排版　　　　图 2.39　图层面板　　　　图 2.40　合并图层

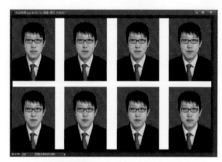

图 2.41　8 张 1 寸照排版　　　　图 2.42　合并图层

第七步：执行"图像—画布大小"命令，输入尺寸高度 8.9 厘米，宽度 12.7 厘米。注意：这里默认定位箭头框中间为点状，如图 2.43 所示，表示居中排列，目的是给排好的照片四周加白边，单击"确定"。

图 2.43　画布大小对话框　　　　图 2.44　最终排版效果

第八步：图 2.44 所示为最终排版效果，执行"文件—存储为"命令（或按"Ctrl ＋ Shift ＋ S"）将新做好的照片另起个名称："1 寸证件照排版"，保存类型选".jpg"，单击"保存"，最好保存在自己的文件夹里。

应注意以下几点。

① 小放大可以，它不会影响图像内容，若要大缩小，它会提示："新画布大小小于当前画布大小；将进行一些剪切"，确认后再单击"继续"或"取消"。

② 图像大小和画布大小的区别：前者是对图像整体大小的改变，后者只是对背景画布进行改变，同时画布大小还可以改变图像的模样。

③ 建新画布时，在"画布大小"对话框的下方有"画布扩展颜色："栏，单击该栏的扩展按钮▼，可设置画布颜色，如图 2.45 所示。

案例 2-8 给 2 寸证件照排版

第一步：双击工作区，打开"85 证件照 .jpg"照片。

第二步：执行"图像—图像大小"命令，在"图像大小"对话框中，先将"重新采样"的钩去掉，将宽度改为 3.5 厘米，高度及分辨率会自动改变，如图 2.46 所示，单击确定。

第三步：执行"图像—画布大小"命令，在弹出的"画布大小"的对话框中输入尺寸（单位为厘米），宽 7.5 厘米 × 高 11.5

图 2.45　设置画布颜色

厘米，如图 2.47 所示（5 寸实际尺寸是 8.9 厘米 ×12.7 厘米，给证件照排版，要预留出白边）。

注意：在"定位"箭头框中，单击左上角箭头，使其变成一个黑点，如图 2.47 所示，再单击"确定"按钮，按"Ctrl ＋ 0"，按屏幕大小缩放显示。

图 2.46　"图像大小"对话框

图 2.47　"画布大小"对话框

第四步：到工具箱单击"移动工具"，左手按下"Alt"键进行拖移复制排版，先向右拖移复制一张，如图 2.48 所示；再执行"图层—合并可见图层"命令（或按"Ctrl ＋ Shift ＋ E"）。

图 2.48　复制一张

图 2.49　向下复制一排

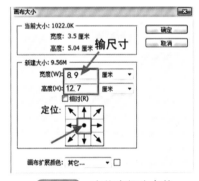

图 2.50　定位中间为点状

第五步：继续用"移动工具"，左手按下"Alt"键，将上一排照片点住向下拖移复制，如图 2.49 所示；执行"图层—合并可见图层"命令（或按"Ctrl ＋ Shift ＋ E"）。

第六步：重复"第三步"操作，再设置：高 12.7 厘米 × 宽 8.9 厘米，在定位箭头框中，让中间箭头变为点状，如图 2.50 所示，单击"确定"。

第七步：执行"文件—存储为"命令（或按"Ctrl ＋ Shit ＋ S"），将新制作好的照片另外起个名称保存好。

案例 2-9 给照片边缘增加画布

有时需要对一张照片进行标注说明，直接写在照片上会"煞风景"，可在照片外边增加写字的画布。

　　第一步：双击工作区，打开"19风景02.jpg"照片，如图2.51所示，这是一张横版照片，给照片下方增加白边。

　　第二步：执行"图像—画布大小"命令，在弹出的对话框中设置高度为19（原来尺寸为16.26），让高度增加，"定位："箭头要将向上的箭头单击点成点状，表示照片向上对齐，下边就会留出白边来，另外"画布扩展颜色"选"白色"，如图2.52所示，单击"确定"。若此时照片显示得不完整，可按"Ctrl＋0"，按屏幕大小缩放，如图2.53所示。

图 2.51　19 风景 02

图 2.52　照片下边留白边定位

图 2.53　照片下方留白边

图 2.54　照片右边留白边

　　如果是竖版的照片，可在照片的左边或右边留白边，执行的命令都一样，只是在"画布大小"对话框中要将宽度尺寸增加，"定位："箭头要将向左（或向右的）箭头单击成点状。

　　图2.54所示的是"51异国风景.jpg"照片，执行"图像—画布大小"命令，在"画布大小"对话框中，原来宽度尺寸为10.16厘米，为了右边留出白边，将宽度改变为12，将向左的定位箭头单击成点状，如图2.55所示；然后单击"确定"，最终效果如图2.54所示。

2.5　实战练习

案例 2-10　拼接照片并裁剪

　　Photoshop可以将同一场景内，不同角度分段拍摄的照片进行拼接（合并），使照片拼接后变成广角镜头的拍摄效果。这种拼接手段让照片色彩过渡非常自然，适合大场景拍摄的后期制作，这种制作方法有几种，在此介绍两种。

方法一：用"文件—自动—Photomerge"命令拼接照片。

第一步：执行"文件—自动—Photomerge"命令，如图 2.56 所示，会弹出"Photomerge"对话框，其实就是照片合并对话框。

第二步：在"Photomerge"对话框中①单击"浏览"按钮，如图 2.57 所示，会弹出"打开"对话框，如图 2.58 所示。②在"打开"对话框中操作，首先要找到"图像素材"文件夹在电脑中的存放位置，双击打开该文件夹，找到"91 三江口 01.jpg"照片至"96 三江

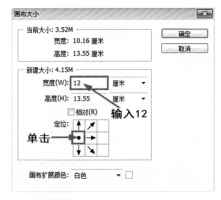

图 2.55 照片右边留白边定位

口 06.jpg"照片，共 6 张，先单击第一张，再按下 Shift 键单击第 6 张，将这 6 张需要拼接的照片全部选中后单击"确定"。照片会以文件名的形式排列在照片排列区，如图 2.57 所示。③在版面区有 6 种拼接方式，单击选第一个"自动"。④单击勾选三个选项。⑤单击"确定"。

图 2.56 "Photomerge"命令

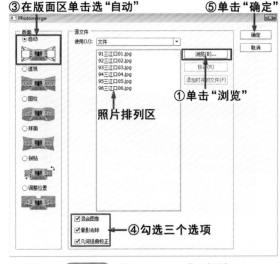

图 2.57 "Photomerge"对话框

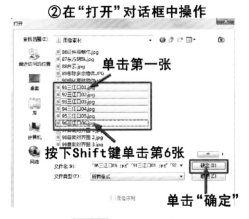

图 2.58 打开对话框

20

照片开始拼接，如果照片多，容量比较大，拼接的速度比较慢。拼接结束后自动生成一张"未标题_全景图1"名称的全景图，如图2.59所示。

图 2.59　全景图

第三步：这张全景图边缘不齐，四周边都有透明区域，要对照片进行裁剪，在工具箱单击"裁剪工具" ⊠，在工具选项栏选择"宽×高×分辨率"，将尺寸要清空，如图2.60所示。

图 2.60　"裁剪工具"工具选项栏设置

在照片上尽最大限度地裁剪，边框可拖移调整，不要留有透明区域，如图2.61所示。裁完后不要忘记按回车键，或在工具选项栏单击"提交当前裁剪操作" ✓ 按钮，表示裁剪完成。最终拼接效果如图2.62所示。

图 2.61　裁剪框界面

图 2.62　最终拼接效果

第四步：执行"文件—存储为"命令，将照片存放在自己的"作品"文件夹（事先要在电脑里建好"作品"文件夹），文件名起"三江口全景"（这个景色是宁波的三江口），保存类型选"JPEG(jpg)"，如图2.63所示，最后单击"保存"。

保存类型要单击箭头所指位置，在下拉列表中选择 JPEG（*.JPG*.JPEG；*.GPE）。

方法二：用"编辑—自动对齐图层"命令拼接照片。

第一步：双击工作区，打开"图像素材"文件夹内"97 自动对齐图 1.jpg"、"98 自动对齐图 2.jpg"和"99 自动对齐图 3.jpg"三张照片（以下将这三张照片简称"图 1"、"图 2"、"图 3"）。这三张照片在窗口中要处于"在窗口中浮动"排列，如图 2.64 所示，不要呈选项卡排列。

第二步：在工具箱单击"移动工具" ▶⊹，将"图 2"激活，在照片上按下鼠标左键，点住照片的内容拖到"图 1"上，对齐叠放，让"图 2"遮盖住"图 1"。再将"图 3"激活，在照片上按下鼠标左键，点住照片的内容拖到"图 1"上，对齐叠放，如图 2.65 所示。把"图 2"和"图 3"照片关闭。

保存类型选 JPEG

图 2.63 另存为对话框

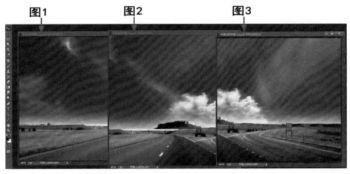

图 2.64 三张照片在工作区呈浮动排列

此时我们观察"图层"面板，增加了两个图层，分别是"图层 1"和"图层 2"，如图 2.66所示，当前"图层 2"是被选中状态，按下 Shift 键单击"背景"图层，如图 2.67 所示，将三个图层都选中。

图 2.65 三张照片重叠对齐

图 2.66 图层面板

第三步：执行"编辑—自动对齐图层"命令，弹出"自动对齐图层"对话框，如图2.68所示，在这个对话框中：①选择"自动"，一般情况下都默认是"自动"；②单击勾选"晕影去除"；③单击"确定"。照片拼接完成，但边缘不齐，如图2.69所示，红线框标的位置是透明区域。

第四步：要对照片进行裁剪。工具箱单击"裁剪工具" ，将照片裁剪整齐，去除透明区域，裁剪结束要按回车键。

第五步：执行"文件—存储为"命令，将照片存放在自己的"作品"文件夹，给新照片起个名字，保存类型选"JPEG"，最后单击"保存"。最终拼接效果如图2.70所示。

将三个了图层都选中

按下Shift键单击

图 2.67　选中三个图层

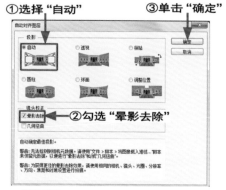

①选择"自动"　　③单击"确定"

②勾选"晕影去除"

图 2.68　"自动对齐图层"对话框

图 2.69　自动对齐图层后效果

图 2.70　最终拼接效果

注意：在自动拼接照片时，照片选择要求是在同一个景点、同一种拍摄手法拍出的照片，如果照片差异太大，会弹出提示框，显示为"图层重叠量不足，无法检测是否对齐。通常，要对齐的图像应重叠约 40%。"，如图 2.71 所示。这表示所选照片颜色、尺寸、曝光度差异太大，无法检测。只能单击"确定"。

图 2.71　无法检测提示

2.6　常用的照片尺寸

（1）证件照（分辨率一般为 300 像素 / 英寸）：

1 寸：2.5 厘米 ×3.5 厘米 (或 3.6 厘米)；小 2 寸：3.5 厘米 ×4.5 厘米；

2 寸：3.5 厘米 ×4.9 厘米；　小 3 寸：3.5 厘米 ×5.2 厘米；

3 寸：5.3 厘米 ×7.6 厘米；　赴美签证：5 厘米 ×5 厘米；

日本签证：4.5 厘米 ×4.5 厘米；港澳通行证：3.3 厘米 ×4.8 厘米；

身份证：2.2 厘米 ×3.2 厘米；　驾照：2.1 厘米 ×2.6 厘米；

车照：6.0 厘米 ×9.1 厘米；护照：3.3 厘米 ×4.8 厘米（毕业证）。

（2）普通照：

5 寸：12.7 厘米 ×8.9 厘米；6 寸：10.2 厘米 ×15.2 厘米；

大 6 寸：15.2 厘米 ×11.4 厘米（也称数码 6 寸）；7 寸：17.8 厘米 ×12.7 厘米；

8 寸：20.3 厘米 ×15.2 厘米；10 寸：25.4 厘米 ×20.3 厘米；

其中：普通 5 寸、6 寸分辨率默认拍摄时的数据（72 像素 / 英寸）；普通 7 寸、8 寸、10 寸的分辨率为 200 像素 / 英寸；12 寸以上为 300 ～ 500 像素 / 英寸。

第3章
图像选区的创建与编辑

选区在 Photoshop 中有着举足轻重的作用，当图像中没有建立选区时，所执行的各种图像处理命令（如填充、色彩或色调的调整等），都将应用到整个图像中。而在图像中建立了选区后，这些处理效果就可以只对选区范围内的图像起作用。选区的表现形式是虚线（也称为蚂蚁线）围住的区域，这个区域可以是规则的，也可以是不规则的。

设定选区范围的方法有多种，利用工具箱中选区工具，如："选框工具"、"魔棒工具"、"套索工具"等创建选区；也可用菜单命令，如"选择—色彩范围"等命令创建选区，还有利用通道和路径也可创建选区。

3.1　规则选区工具

使用工具箱中的"矩形选框工具"来创建选区范围是最常见的，也是最基本的方法。鼠标在工具箱中"矩形选框工具"按钮上右击，拓展出如图 3.1 所示的选框工具。这些都属于规则选区工具。

3.1.1　矩形选框工具

图 3.1　选框工具组

案例 3-1　给照片换背景

利用"矩形选框工具"创建选区。

第一步：打开"70 小朋友 .jpg"照片，如图 3.2 所示；另外，要把"历史记录"面板打开，便于回退到某一步操作。

第二步：在工具箱中单击"矩形选框工具" ，此时鼠标指针变为十字形状，在照片上，用鼠标拖移的方法，从左上至右下，将照片中的小朋友套为选区，如图 3.2 所示，图中的矩形虚线框（蚂蚁线）就是新创建的选区。

第三步：对于初学者，可能第一次画选区大小不好控制，执行"选择—变换选区"命令，这样在选区的周边会出现变换框，有八个控制点，称缩放控制点，如图 3.3 所示。通过拖这几个控制点可以改变选区的大小，大小设定好后要按回车键，去掉变换框。

"矩形选框工具"的工具选项栏在后面会详细介绍。此时，可以直接对选区进行编辑，如用"渐变工具"填充颜色或用"橡皮擦工具"擦除等。

第四步：我们的目的是想处理人物以外的部分，所以要进行一下反选，将人物的外围设定为选区，执行"选择—反向"命令（或按"Ctrl + Shift + I"），执行完该命令后，虚线框方向改变了，人物以外的区域被设定为选区了。

图 3.2　将小朋友套为选区

图 3.3　拖缩放控制点改变选区大小

注意："反向"命令的作用是在选取区域与未选取区域之间进行切换。

第五步：在工具箱单击"渐变工具"，如图 3.4 所示，在工具选项栏中：①单击"渐变拾色器"扩展按钮；②单击选择一块你认为合适的颜色（例如"铜色"）。如图 3.5 所示。

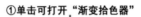

图 3.4　渐变工具　　　　图 3.5　渐变拾色器　　　　图 3.6　渐变色填充后效果

第六步：到照片上选区范围内，按下鼠标左键从上到下拖线（也可从左到右拖线或从其他角度拖线均可），松开鼠标后渐变填充完成，最终效果如图 3.6 所示。

第七步：执行"选择—取消选择"命令（或按"Ctrl + D"），将选区（也就是虚线框）去掉。

第八步：执行"文件—存储为"命令（或按"Ctrl + Shift + S"），给文件另外起个名称保存好。

3.1.2　椭圆选框工具

🔔 案例 3-2　给照片换背景

利用"椭圆选框工具"创建选区。

第一步：打开"84 海鸥 .jpg"照片，如图 3.7 所示。

第二步：在工具箱单击"椭圆选框工具"，将海鸥套为椭圆选区（按下左键拖移套选），是椭圆虚线框，再执行"选择—变换选区"命令，将选区调整的大小合适，如图 3.8 所示，红箭头所指是缩放控制点，拖这些点可调整选区的大小。

图 3.7　海鸥　　　　图 3.8　椭圆选区大小调整　　　　图 3.9　选区反向

第三步：执行"选择—反向"命令（或按"Ctrl + Shift + I"），将刚才椭圆选区的外围作为选区，如图 3.9 所示。

第四步：工具箱单击"渐变工具" ，在工具选项栏单击"渐变拾色器"扩展按钮，在渐变拾色器中单击选择一种比较喜欢的渐变色，如图 3.5 所示，在海鸥外围（也就是在选区内）按下鼠标左键拖线，填充效果如图 3.10 所示。

第五步：执行"选择—取消选择"命令（或按"Ctrl + D"），将选区取消掉。

图 3.10　渐变色填充效果

3.1.3　选框工具的工具选项栏

通常在工具箱中单击选取了"矩形选框工具"或"椭圆选框工具"后，在工具选项栏中都有一些参数要设置，图 3.11 所示的是"椭圆选框工具"的工具选项栏。

图 3.11　"椭圆选框工具"的工具选项栏

① 工具预设框：显示工具预设的有关内容，通常显示当前所选的工具。

② 选区范围设置选项：该选项中共有四个按钮（如图 3.12 所示）。

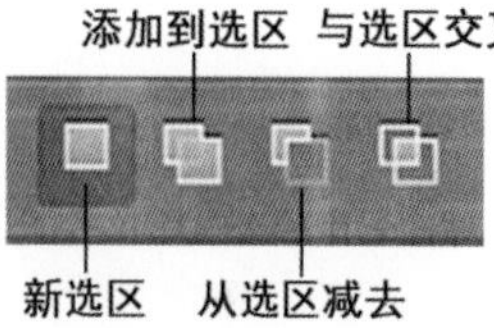

a. 新选区：通常该按钮处于被激活状态，用鼠标直接画出选区范围。

b. 添加到选区：若该按钮被激活，表示在原有选区的基础上可增加新的选区。如果不单击该按钮，新选区设置完后，按下"Shift"键，会自动激活这个按钮，此时，可添加新的选区。

图 3.12　选区范围设置

c. 从选区减去：若该按钮被激活，表示在原有选区的基础上减去新的选区。如果不单击该按钮，"新选区"设置完后，按下"Alt"键，也会自动激活这个按钮，此时，可减少选区范围。

d. 与选区交叉：若该按钮被激活，只选取新选区与旧选区相重叠的部分。

③ 羽化：在该文本框中输入数据，可以柔化选区边缘，产生渐变过渡的效果。羽化的有效数值是 0 ～ 250 之间，羽化值越大，柔和效果越明显（边缘虚化越严重）。

注意：用"矩形选框"或"椭圆选框"工具创建选区，若按下"Shift"键画，可画出正方形选区或正圆选区。

案例 3-3　比较羽化值

第一步：执行"文件—新建"命令（或按"Ctrl + N"），新建宽度 40 厘米，高度 30 厘米，分辨率为 72 像素 / 英寸，颜色模式为 RGB、白色背景的空白图像；将新建好的空白图像拖放在工作区的右边。

第二步：打开"31 花斑狗 .jpg"照片，如图 3.13 所示，将狗的照片放在工作区的左边。

第三步：到工具箱单击"椭圆选框工具"，在工具选项栏中设置羽化值为 0，在"花斑狗"照片上，将右边一只狗套出椭圆选区，如图 3.13 所示。

第四步：工具箱中单击"移动工具"，将椭圆选区内的花斑狗拖移至新建的空白图片上，再拖移摆放在左边，如图 3.14 所示。

图 3.13 花斑狗照片

图 3.14 羽化值为 0 时

图 3.15 历史记录面板

第五步：单击"花斑狗"照片标题栏，使花斑狗照片激活，成为当前要操作的照片，到"历史记录"面板上，单击一下"打开"，如图 3.15 所示，即可回退到"花斑狗"刚打开状态，到工具箱单击"椭圆选框工具" ○，在工具选项栏中设置"羽化"值为 30 羽化： 30 像素，仍然将右边一只狗套出椭圆选区。

第六步：到工具箱单击"移动工具" ▸⊹，将椭圆选区内的花斑狗拖移至新建的空白图像上。如图 3.16 所示，此时，由于羽化值设置的不同，选区边缘的效果也有很大的不同。再观察"图层"面板上新增加了两个图层，这是由于复制粘贴而增加的，如图 3.17 所示。

注意：a. 在 Photoshop CC 工作区界面，在打开两张或两张以上照片的情况下，不要让照片呈选项卡 未标题-1 @ 50% (图层 2, RGB/8) * × 31花斑狗.jpg @ 50%(RGB/8*) * × 状态显示，这样前面一张照片会遮盖后面一张照片而不方便操作。要让每张照片保持在浮动显示状态，即让每张照片都有标题栏显示，如图 3.18 所示，要操作哪一张照片，就单击该照片的标题栏，使这张照片激活，成为当前正在操作的照片。

b. 在不同的图像上，用"移动工具" ▸⊹ 拖移选区范围，实际上是一个复制粘贴的过程；也可在"花斑狗"照片上按"Ctrl ＋ C"复制，再到新建好的空白图像上按"Ctrl ＋ V"粘贴，再用"移动工具" ▸⊹ 将刚粘贴进的图像拖移摆放至合适位置。

c. 工具选项栏的"羽化"值用完后，要恢复为 0，否则忘记了，以后只要画椭圆选区或矩形选区等操作，都会默认为 30，画出的选区边缘都是虚的。

d. "羽化"值最好不要在画选区之前给，要画好选区后再通过"调整边缘"（在工具选项栏）来给，"调整边缘"的作用在后面有详细介绍。

④ 消除锯齿波，勾选此选项，可以消除选取范围边缘的锯齿现象。

图 3.16 羽化值比较

图 3.17 图层面板

图 3.18 浮动显示状态

⑤ 选框"样式"设置：选框"样式"设置里面有三个选项，如图 3.19 所示，它决定选区怎样绘制。

a. 正常：这是默认的选择方式，选择该选项可以通过鼠标随意拖选区的大小，通常要求处于"正常"状态。

b. 固定比例：选择该选项可以在后面的"宽度"和"高度"文本框中输入相应的数值，此时画出的选区是受比例约束的。

c. 固定大小：选择该选项可以直接在"宽度"和"高度"文本框中输入数值，来精确设置矩形或椭圆选区的大小，此时画出的选区是受尺寸限制的，尺寸单位为像素（px），当然也可以用厘米，在数据栏中的数据后面输入"厘米"即可。

图 3.19　选框样式选项

⑥调整边缘：该按钮的作用在后面讲"套索工具"时再作详细介绍。

3.2　不规则选区工具

不规则选区工具包括"套索工具"、"魔棒工具"及"快速选择工具"。

3.2.1　套索工具组

鼠标在工具箱中"套索工具" 🔘 按钮上右击，拓展出如图 3.20 所示三种套索工具。

3.2.1.1　套索工具

该工具可以直接拖动鼠标选择所需的区域。其操作步骤如下。

第一步：打开"31 花斑狗 .jpg"照片。

第二步：在工具箱中单击"套索工具" 🔘，沿照片上左边一只狗的周边按下鼠标左键拖移鼠标，在拖移的过程中有一根线随着鼠标出现，当鼠标拖移至线段首尾闭合时松开，一个不规则的选区就被创建好了（虚线框），如图 3.21 所示。

图 3.20　套索工具组

图 3.21　创建出不规则选区

3.2.1.2　多边形套索工具

该工具可创建不规则的多边形选区。其操作步骤如下。

第一步：仍然利用"31 花斑狗 .jpg"照片（可在历史记录面板上单击"打开"）。

第二步：在工具箱中单击"多边套索工具" 🔘，沿着其中一只狗的周边单击一下，再移动鼠标（注意：不要拖移）至另一个点单击，此时套索线已经跟着鼠标在移动，再沿着狗的外围下一个点单击，直至首尾闭合时再单击一下（双击也可自动闭合），一个不规则的选区就生成了（虚线框）。

3.2.1.3　磁性套索工具

该工具具有吸附能力，可以更加方便、准确地选取所需范围。其操作步骤如下。

第一步：仍然利用"31 花斑狗 .jpg"照片（"历史记录"面板上单击"打开"）。

第二步：在工具箱中单击"磁性套索工具" 🔘，工具选项栏如图 3.22 所示。该工具选项栏前半截的内容及作用与前面讲的"椭圆选框工具"一样，后半截每一项参数设置及功能解释如下：

宽度：10 像素　对比度：10%　频率：57　　调整边缘…

图 3.22 "磁性套索工具"工具选项栏（局部）

① 宽度：该数值表示套索边缘时，检测边缘的宽度，取值范围是 1 ～ 40 像素之间，数值越小，越精确，但鼠标也难控制，一般取 10 ～ 30。

② 对比度：可设置对边缘检测的敏感程度，取值范围是 1%～ 100%之间，数值越大，要求被选择图像边缘与背景对比越强烈，选取范围越精确。

③ 频率：用于设置选取时的节点数目，取值范围在 0 ～ 100 之间，数值越大，产生的节点越多。一般取 57（默认值）。

④ 调整边缘：生成一个选区后，在工具选项栏中"调整边缘"按钮被激活。

第三步：鼠标沿着左边花斑狗身体周边选个起始点单击一下，然后鼠标沿着狗身体边缘移动，套索线会自动吸附在狗的边缘，直至首尾闭合时单击一下。

工具选项栏单击　调整边缘…　按钮，会弹出"调整边缘"对话框（也可执行"选择—调整边缘"命令或按"Ctrl ＋ Alt ＋ R"，打开"调整边缘"对话框），如图 3.23 所示。

在此，详细介绍该对话框中的各项功能（注意：按"Ctrl ＋＋"，将照片放大，单击图 3.23 所示的抓手工具，在照片上拖移可达到局部浏览的效果，主要看调整前与调整后选区边缘的变化）。

（1）调整边缘分为四部分，分别是视图模式、边缘检测、调整边缘、输出。

① 视图模式：用来设置调整时图像的显示效果，如图 3.24 所示。单击"视图"图标，会弹出下拉列表，有 7 种预览模式可选，本案例选择的是"背景图层"。

图 3.23 "调整边缘"对话框

图 3.24 "视图"显示模式菜单

a. 勾选"显示半径"选项，显示按照半径定义的调整区域（选区轮廓）。

b. 勾选"显示原稿"选项，显示图像的原始选区 。

② 边缘检测：用来对选区边缘进行精细查找。

a. 勾选"智能半径"选项，使检测范围自动适应图像边缘。

b. 拖动"半径"滑块，用来设置调整区域的大小。

③ 调整边缘：对创建的选区进行调整。

a. 平滑：控制选区的平滑程度，数值越大，边缘越平滑。

b. 羽化：控制选区的柔和程度，数值越大，调整的图像边缘越模糊。

c. 对比度：能锐化选区边缘，使选区里的内容更加自然。结合"半径"或"羽化"来使用，数值越大边缘越清晰。

d. 移动边缘：能收缩、扩展选区边缘，数值变大，选区变大；反之，选区变小。

④ 输出：对调整的区域进行输出，可以是选区、蒙版、图层或新建文件等。

a. 勾选"净化颜色"选项，用来对图像边缘的颜色进行删除。

b. 数量：用来控制移动边缘颜色区域的大小。只有勾选了"净化颜色"选项后，"数量"方可激活。

c. 输出到：设置调整后输出的效果，可以是选区、蒙版、图层或新建文件等。

d. 勾选"记住设置"选项，在"调整边缘"区和"调整蒙版"区中始终使用以上的设置。

（2）三个工具分别是缩放工具、抓手工具和调整半径工具，如图 3.25 所示。

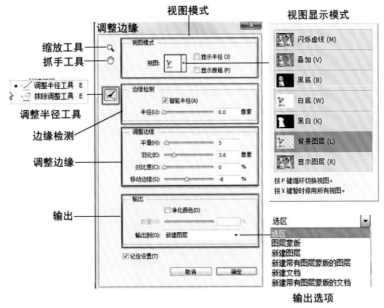

图 3.25　调整边缘注解

① 缩放工具 🔍：调整选区时，可以将选区内容放大或缩小浏览（类似"Ctrl ＋＋"、"Ctrl ＋－"）。

② 抓手工具 🖐：用来调整图像位置（只有在放大后才起作用，类似按下空格键拖移鼠标局部浏览）。

③ 调整半径工具 🖌：用来手动扩展检测区域，去除杂色；按下"Alt"键变为还原选区边缘。右击该图标会展开两个工具，如图 3.26 所示。

④ 抹除调整工具：用来恢复原始边缘。它是"调整半径工具"的逆向操作。

注意：当鼠标停留在对话框的选项上时，可查看与每一种模式相关的说明。

图 3.26　右击展开两个工具

"磁性套索工具"操作技巧如下。

① 使用"磁性套索工具"对鼠标掌控能力要求比较高，套不好磁性线会乱跑，若出现某几个节点没选取好，可用下面两种方法修正：

方法一：按删除键"Delete" Delete 或退格键 Backspace ，回退删除最近的一个节点，连续按，可回退删除多个节点。

方法二：按退出键 **Esc**，可全部退出选取节点。

② 怎样判断首尾闭合：使用套索工具套取时，首尾闭合时在鼠标指针旁边会出现一个小圆圈，这时单击一下，一个封闭的选区就创建完成了，如果看不清首尾闭合时的小圆圈，可在大约首尾闭合处双击也会闭合。

3.2.2　魔棒工具和快速选择工具

在工具箱中"快速选择工具" 上右击，会显示出"快速选择工具"和"魔棒工具"，如图 3.27 所示。

3.2.2.1　魔棒工具

该工具能够根据图像的颜色来自动建立选区，它的操作方法很简单，只需在要选择的区域内单击，魔棒就会选择与单击点色调相似的像素创建选区。

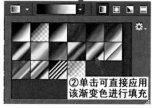
图 3.27　魔棒、快速选择工具

案例 3-4　给小鸭照片换背景

第一步：打开"71 小鸭 .tif"照片，如图 3.28 所示。照片中小鸭是黄色，背景是白色，对比强烈，反差较大，很适合用"魔棒工具"。

第二步：在工具箱单击"魔棒工具"，在白色区域单击一下，此时，整个白色区域都被虚线框住，也就是被设置为选区了，如图 3.29 所示。

图 3.28　小鸭照片

图 3.29　白色为选区

① 单击可打开"渐变拾色器"

② 单击可直接应用该渐变色进行填充

图 3.30　渐变拾色器

第三步：在工具箱单击"渐变工具" ，在工具选项栏中，①单击"渐变拾色器"扩展按钮，展开渐变拾色器；②单击选择一块您认为合适的颜色，如图 3.30 所示。到照片上选区范围内，按下鼠标左键从上至下拖移（也可从左至右拖移或从其他角度拖移均可），填充效果如图 3.31 所示。

第四步：执行"选择—取消选择"命令（或按"Ctrl ＋ D"）将虚线取消掉，这张照片的背景就换好了。

魔棒工具对应的工具选项栏如图 3.32 所示。

图 3.31　渐变色填充效果

①"容差" **容差： 32**：这个数值决定了所选区域的色调与鼠标单击点色调相似程度。参数值在 0 ～ 255 之间，数值越小选取的颜色范围越接近，对色调相似程度的要求就越高，选区范围就越小；数值越大，对色调相似程度的要求就越低，选区范围就越大。

"连续" **☑ 连续**：勾选此选项，只可选择与单击处相邻并且颜色相同的像素；若不勾选，则会选中图像中符合像素要求的所有区域。

图 3.32　"魔棒工具"的工具选项栏

② 使用"魔棒工具"时，若按下"Shift"键单击，可同时点选多处颜色相近的区域创建选区。在按下 Shift 键的同时，工具选项栏中"添加到选区" 按钮被激活。

3.2.2.2　快速选择工具

"快速选择工具"具有比魔棒更灵活的选择功能，它可以用它的笔刷快速绘制选区，拖动鼠标，笔刷所经过部分的像素就会被选中；还可以通过工具选项设置来决定是否将选择的部分添加到已有选区或从已有的选区中减去。

案例 3-5　用快速选择工具抠图

第一步：打开"31 花斑狗 .jpg"照片，如图 3.33 所示。

图 3.33　花斑狗照片　　　　　　　　　　图 3.34　拖移套出选区

第二步：工具箱单击"快速选择工具" ，该工具所对应的工具选项栏，如图 3.35 所示，鼠标指针（称笔刷）变成一个圆圈十字形状 ，操作方法是在"花斑狗"照片背景上按下左键拖移或单击，将背景的杂色区域套选出选区，如图 3.34 所示；这时工具选项栏中的"添加到选区" 按钮被激活，如图 3.35 所示。

图 3.35 是快捷选择工具的工具选项栏注解：

图 3.35　"快速选择工具"的工具选项栏

①"新选区"按钮：用于创建新选区。

②"添加到选区"按钮（简称加选笔）：用于添加选区。

③"从选区中减去"按钮（简称减选笔）：用于从已有选区中减少选区。

④ 画笔选项：单击可拓展出如图 3.36 所示画笔预设调板选项，主要用于设置笔刷的大小及硬度等。

⑤"自动增强"复选框：勾选此选项后，能够优化选区边缘，得到一个比较精确的、光滑的效果。

第三步：执行"选择—反向"命令（或按"Ctrl ＋ Shift ＋ I"），将两只狗与柳条框围成选区。

图 3.36　画笔选项

图 3.37　较精确的选区

第四步：若遇到选区过头的地方，可在工具选项栏中单击"减选笔" ，将选区过头的地方再拖回来（遇到过头面积小的地方要将笔刷适当缩小后单击，不要拖移，否则幅度太大了适得其反），最终套出较精确的选区（俗称"抠图"），如图 3.37 所示。

第五步：在工具选项栏单击"调整边缘"按钮，对选区边缘进行设置，如图 3.38 所示，设置参数时一定要观察狗的边缘，边调滑块边看效果，没有严格参数定义。本案例只设置"羽化：4"，"平滑：10"，"对比度：10%"，"移除边缘：-10%"；单击"确定"。

注意：通过"调整边缘"对话框可以检验出抠图是否精确，对不完善的地方还可用"调整边缘工具"进行精修，争取达到精确的效果。

第六步：打开"19 风景 02.jpg"照片，在工具箱单击"移动工具" ，到"花斑狗"照片上，将花斑狗拖移至"风景 02"照片上，拖放到照片的左下角（这个位置比较合适），如图 3.39 所示。

图 3.38　"调整边缘"对话框

图 3.39　拼合后效果

注意：用"移动工具" 点住花斑狗拖到另一张照片上，这其实就是个复制粘贴的过程，俗称"照片拼合"，此时在风景照片上的"图层"面板上会增加一个图层，叫"图层 1"，如图 3.39 所示，图的右下角放的是"图层"面板。

第七步：执行"图层—合并可见图层"命令（或按"Ctrl ＋ Shift ＋ E"），合并图层。如果想保存这张新拼合好的照片，可执行"文件—存储为"命令（或按"Ctrl ＋ Shift ＋ S"），给照片另外取个名称并保存在自己的文件夹里。

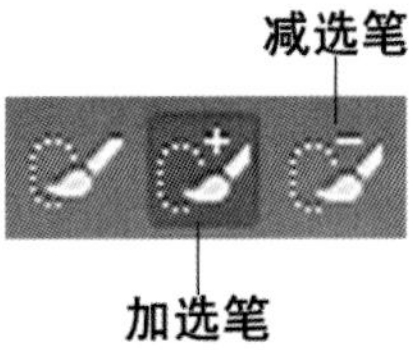

注意："快速选择工具"操作技巧如下。

① 工具选项栏"加选笔""减选笔"的选择很重要，如图 3.40 所示，增加选区要单击"加选笔"，减小选区要单击"减选笔"；笔刷在"加选笔"的状态下 ⊕，按"Alt"键会变成"减选笔"状态 ⊖。

减选笔

加选笔

图 3.40　加选笔、减选笔

② 笔刷大小可用键盘上中括号键"[ ]"来调整，左单括号"["是缩小笔刷，按一下笔刷会缩小一圈，右单括号"]"是放大笔刷，按一下笔刷会增大一圈。但经常会出现在中文输入状态下，"[ ]"键不能起调整笔刷大小的作用，此时要将输入法切换成英文输入状态即可（按"Ctrl＋空格键"可快速切换中、英文输入）。

③ 将选区精确优化，可按"Ctrl＋＋"键将图像放大了精细选取，选区创建结束要按"Ctrl＋0"按屏幕大小缩放。

④ 在选区创建的过程中，可在"历史记录"面板上创建快照，避免操作步骤多了记录被溢出，无法回退。单击"创建新快照" 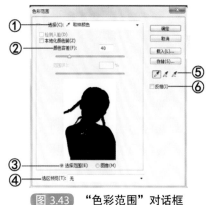 按钮建快照，如图 3.41 所示，单击一次创建"快照1"，再单击一次创建出"快照2"；如果要想回退到"快照1"步骤，在"历史记录"面板单击"快照1"即可。

3.3 利用色彩范围创建选区

使用"色彩范围"命令可以选择现有选区或整个图像内指定的颜色或颜色子集；使用该命令创建选区时可以随意调整选区的范围，白色为选区范围，黑色为非选区范围。"色彩范围"命令特别适用于边缘清晰且局部区域颜色反差较大的图像。其具体操作步骤如下。

！案例 3-6 利用色彩范围抠图

第一步：打开"06 宝贝 2.jpg"照片，如图 3.42 所示。

第二步：执行"选择—色彩范围"命令，弹出"色彩范围"对话框，如图 3.43 所示。

单击创建快照

图 3.41 历史记录面板

图 3.42 06 宝贝 2

图 3.43 "色彩范围"对话框

先介绍"色彩范围"对话框中各项功能。

①"选择"下拉列表：在该下拉列表中选择不同的颜色，可以在图像中创建相应颜色的选区。选择"取样颜色"时，使用对话框中的吸管工具拾取的颜色为依据创建选区。选择"红色"或者其他颜色时，可以选择图像中特定的颜色。选择"高光"、"中间调"和"阴影"时，可以选择图像中特定的色调。

②颜色容差：用于调整选择的颜色范围，数值越大，选区越大；反之，则越小。

③"选择范围"与"图像"选项：选择"选择范围"单选项后，在预览窗口中会以黑色和白色显示出选取图像的颜色范围。选择"图像"单选项后，在预览窗口中会以原图像显示。

④"选区预览"下拉列表：为图像中所创建的选区设置预览效果，在下拉列表中包含 5 种预览模式，即：无、灰度、黑色杂边、白色杂边、快速蒙版。

⑤ 吸管按钮 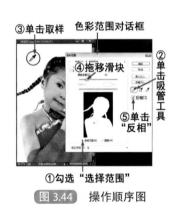：三根吸管分别为"吸管工具"，取样用的；"添加到取样"吸管和从"取样中减去"吸管，它们可以根据需要添加或减去颜色范围。

⑥ 反相：勾选该选项后，会将创建选区的图像与未创建选区的图像进行调换。

第三步：在"色彩范围"命令对话框中要进行一些操作，操作方法及顺序如图 3.44 所示。①单击勾选"选择范围"（如果打开"色彩范围"命令对话框时已经默认勾选了，就可省去这个操作）；②单击吸管工具（通常已经默认处于激活状态，可直接应用）；③到照片白色的区域单击取样；④拖移"颜色容差"滑块设置容差值，让小预览窗口的图像黑白分明了即可，本案例设置的颜色容差为 40；⑤单击勾选"反相"，因为我们想把人物抠图出来，在未勾选"反相"之前，人物是黑色区域，而背景是白色区域，这样产生的选区会把白色围住，所以要"反相"一下，人物就被设置为选区了，单击"确定"。

图 3.44 操作顺序图

图 3.45 不精确的选区图

第四步："色彩范围"命令把宝贝已经划分好选区了，但由于衣服上还有白色碎花，使得选区不精确，内部还有虚线在，如图 3.45 所示，要将它去掉，到工具箱单击"快速选择工具"，在工具选项栏单击"加选笔"，此时笔刷形状为 ⊕，将人物服装上一些未被选进的部分，单击鼠标（或拖移），将它们全部添加进选区。

第五步：在工具选项栏，单击 调整边缘… 按钮，设置"羽化"值为 4，单击"确定"。目的是让选区边缘有个柔和过渡，这样拼合到其他照片上，边缘显得不会太生硬；至此整个抠图过程完成了。此时最好在"历史记录"面板上建个"快照 1"。

第六步：打开"79 永恒的爱 .psd"模板，如图 3.46 所示，这是一个多图层的模板（注意："图层"面板要打开），将"宝贝 2"照片激活，在工具箱单击"移动工具"，在宝贝身上按下鼠标左键拖移至"永恒的爱 .psd"模板上，如果弹出"粘贴配置文件不匹配"提示对话框，如图 3.47 所示，按照图示操作，以后不会再提示了。

图 3.46 "永恒的爱"模板

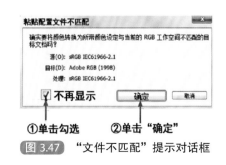

图 3.47 "文件不匹配"提示对话框

注意：在用"移动工具" 拖移时，一定要拖到位后再松开鼠标。

第七步：由于"06宝贝2"照片容量很小（尺寸、分辨率等都小），而"79永恒的爱"模板容量很大（可通过"图像—图像大小"命令查看），使得宝贝拼到模板上显得非常小；执行"编辑—自由变换"命令（或按"Ctrl＋T"），此时，人物被有八个控制点的实线框（称"变换框"）框住，如图3.48所示，将鼠标放在顶角的控制点上，变成双箭头时，左手按下"Alt＋Shift"键，用鼠标拖移变换框顶角的控制点，进行等比例放大，拖移放大的方法如图3.49所示；按回车键，去掉变换框（注意：一定要去掉变换框，否则后面的操作无法进行）。

第八步：此时，观察"永恒的爱.psd"图像的"图层"面板，原先已有9个图层，拖进宝贝人物后，图层又增加了一层"图层6"，如图3.50所示。

图 3.48　宝贝拼到"永恒的爱"上

左手按下Alt+Shift键
右手按下鼠标左键向外拖

图 3.49　放大示意图

图 3.50　图层面板

由于宝贝放大的比较大，如图3.51所示，她将原来模板上的花边及文字都有所遮挡住，这样拼合效果就不太完美。

将"图层"面板的图层顺序调整一下，效果会更好一些，在"图层"面板上，鼠标点住最上面一层"图层6"，按下左键用力向下拖（如图3.52所示），拖至"图层1"的下方时松开，这样图层顺序就换过来了，形成较完美的拼合，如图3.53所示，图层顺序调整后"图层"面板如图3.54所示。

图 3.51　拼合不太完美效果

图 3.52　调整图层顺序

第九步：执行"图层—合并可见图层"命令（或按 Ctrl＋Shift＋E），将图层合并为一层，再执行"文件—存储为"命令（或按 Ctrl＋Shift＋S），给照片另外取个名称保存好。

合并图层主要是为了减少图像存储容量，但这样会不便于今后对个别图层的修改，因此，保存时要求用"文件—存储为"命令。

图 3.53　较完美的拼合

图 3.54　调整后图层面板

3.4　选区范围的基本操作

在图像设置选区后，可能会因为大小不合适而需要进行移动、增减、缩放和变换等操作。

3.4.1　移动选区

通常习惯用鼠标来移动选区，移动时只需将鼠标放到选区范围内，此时笔刷变成箭头形状，然后按下鼠标左键拖动选区。但鼠标拖移很难准确地移动到相应位置，此时，用键盘上的方向键（如图 3.55 所示）进行微调会更加精准。

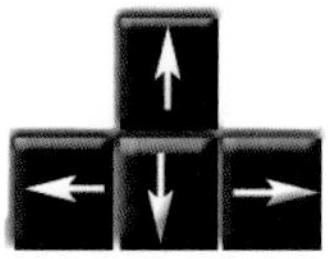

注意：① 不管是用鼠标移动，还是用键盘上方向键移动，如果在移动时配"Shift"键，移动步会幅会变大；若按下"Ctrl"键拖移，则会移动选区范围中的图像，而原来的选区会露出背景色（工具箱中的背景色）。

图 3.55　方向键

② 若用"移动工具"去拖移选区，移动的是选区范围中的图像。

3.4.2　选区范围的增减及缩放

在介绍"快速选择工具"时，已讲解了选区的增减及缩放方法；在 3.2.1 节中介绍"调整边缘"按钮时，也讲了另一种选区缩放（扩展与收缩）的形式。在此，不再重复介绍了。

在这里介绍一下怎样利用菜单命令对选区进行缩放。

（1）放大选区范围　执行"选择—修改—扩展"命令，会弹出"扩展选区"对话框，如图 3.56 所示，要在"扩展量"中输入数值（范围在 1 ～ 100 像素），单击"确定"。

（2）缩小选区范围　执行"选择—修改—收缩"命令，会弹出"收缩选区"对话框，如图 3.57 所示，要在"收缩量"中输入数值（范围在 1 ～ 100 像素），单击"确定"。

图 3.56　扩展选区

图 3.57　收缩选区

3.4.3　选区范围的自由变换

在已有的一个封闭的选区上，在菜单栏执行"选择—变换选区"命令，此时，选区被有八个控制点的矩形框（也称"变换框"）框住，将鼠标在任意一个控制点的外围游动，当鼠标指针变为弯弯的双箭头 ↻ 时（如图3.58所示），拖动鼠标可旋转选区为任意角度。图3.59所示的选区已经被旋转为菱形了。

图3.58　矩形选区　　　图3.59　旋转选区　　　图3.60　鼠标指针

将鼠标移放到任意一个控制点上，当鼠标形状变成双箭头（如图3.60所示）形状时，拖动即可自由变换选区的大小。

注意：无论是旋转还是缩放选区，结束时，一定要按回车键或在变换框内双击鼠标，去掉变换框，否则会影响后面的操作。

3.4.4　选区内容的变换

前面介绍的是选区范围的变换，它只变换虚线框的方向及大小，而并没有改变虚线框内容的方向及大小，要想改变选区范围内容的方向及大小，要在菜单中执行"编辑—变换"和"编辑—自由变换"命令即可实现。

3.4.4.1　变换

用一个操作例子进行讲解，在操作的过程中要把"历史记录面板"打开，便于回退。

第一步：打开"31花斑狗.jpg"照片，在工具箱单击"椭圆选框工具" ⬭，将左边一只狗头部套为选区，如图3.61所示。

图3.61　左边狗套出椭圆选区

图3.62　"变换"命令子菜单

第二步：执行"编辑—变换—……"命令，如图3.62所示，该命令中包含若干项子菜单命令。无论执行"变换"中的哪一项命令，都会出现一个由八个控制点形成的变换框将选区框住，如图3.63所示。

（1）缩放：用鼠标拖动任意一个控制点，都可对选区内容进行缩放。此时，我们观察上面的工具选项栏，如图3.64所示。

（2）旋转：此时，鼠标指针变成 ↻ 形状，无论在哪一个控制点的外围（注意，不要压住控制点）按下左键拖转，即可将选区内容旋转为任意角度。若想旋转90度或180度，可执行"编辑——变换——旋转90度"（90度分"顺时针"、"逆时针"）或"旋转180度"命令。

（3）斜切、扭曲、透视、变形：

① 斜切：执行该命令，可以将选区内容倾斜变换。用鼠标分别拖

图3.63　变换框框住

动变换框的任意一个控制点，均可得到斜切的效果。

② 扭曲：执行该命令，可以将选区内容扭曲。用鼠标分别拖动变换框的任意一个控制点，均可得到扭曲的效果。

③ 透视：用鼠标拖动变换框的任意一个控制点，均可得到透视效果。

④ 变形：执行完"变形"命令，会出现一个井字线的变换框，用鼠标拖动变换框的任意一个控制点或任意一根线，均可得到变形效果。

（4）水平翻转与垂直翻转：

① 执行"编辑—变换—水平翻转"命令，可将选区内容左右翻转。

② 执行"编辑—变换—垂直翻转"命令，可将选区内容上下翻转。

3.4.4.2 选区范围变换的选项栏变化

无论是"扭曲"、"缩放"还是"变形"等操作，只要是对选区内容进行变换操作，都会改变工具选项栏的内容，图 3.64 是三种"变换"命令的工具选项栏内容变化图。

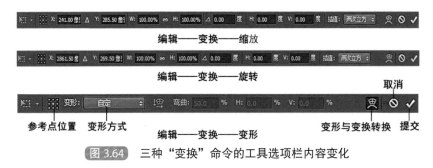

图 3.64 三种"变换"命令的工具选项栏内容变化

案例 3-7 将胖人变瘦

第一步：打开"86 证件照制作 .jpg"照片，如图 3.65 所示，到工具箱单击"魔棒工具" ，单击照片背景，再执行"选择—反向"命令，将人物作为选区。

第二步：执行"图层—新建—通过拷贝的图层"命令（或按"Ctrl + J"），在"图层"面板上将人物单独复制出一层来，生成"图层 1"，如图 3.66 所示。

图 3.65 证件照制作

图 3.66 生成"图层 1"

图 3.67 背景层的眼睛

第三步：在"图层"面板上，单击"背景"层的眼睛，如图 3.67 所示，让它关闭（隐藏该图层），如图 3.68 所示，当"背景"层眼睛关闭后。图层 1 的状态是，人物以外部分均变成透明状（是一种灰白相间的网格），表示人物已被抠图出来，如图 3.69 所示。

这是一个只显示人物的图层，而"背景"层被隐藏了，这样进行变换操作时不会受"背景"层图像内容的干扰。

背景层眼睛关闭状态

图 3.68　图层眼睛关闭

图 3.69　人物被抠图出来

图 3.70　变形网格线

第四步：执行"编辑—变换—变形"命令，变形网格线（井字线）将人物罩住，如图 3.70 所示。用鼠标适当的拖移网格线（注意：要两边对称地拖），使人物变瘦，效果如图 3.71 所示，按回车键，去掉变换框。

第五步：在"图层"面板上，将"背景"层的眼睛单击一下（让眼睛睁开），再单击"背景"层，表示选中（定位在）"背景"层（让蓝色罩住"背景"层），如图 3.72 所示，我们看到照片上人是胖瘦两层的，如图 3.73 所示。

图 3.71　变瘦图

图 3.72　定位在"背景"层

图 3.73　胖瘦两层人

第六步：按"Ctrl ＋ Delete"组合键，用背景色填充（此时，工具箱背景色应该是白色），效果如图 3.74 所示，我们看到"图层"面板上"背景"层的小缩览图变成白色的了，如图 3.75 所示。

第七步：执行"图层—合并可见图层"命令，将"图层 1"与"背景"层合并成一层，如图 3.76 所示。

图 3.74　背景层变白色

图 3.75　背景层为白色

图 3.76　合并为一层

第八步：执行"文件—储存为"命令，将这张照片另外保存一下。

注意：① 当在用"变形"命令之前，最好将选区内容（虚线围住的区域）单独复制出一层来（按"Ctrl + J"），否则"变形"操作会受到工具箱中背景色的影响。

② 变形结束，如果确认变形结果，要去掉变形网格，一种方法是按回车键，另一种方法是在工具选项栏右侧有三个按钮，单击"提交变换" ✓ 按钮，类似于按回车键，如果不想要变形结果，可单击"取消变换" 🚫 按钮，或按"Esc"退出键。

案例 3-8   制作对鸭

第一步：打开"71 小鸭 .tif"照片，如图 3.77 所示，执行"图像—图像大小"命令，查看图像大小，宽 17.64 厘米、高 19.26 厘米，分辨率 72 像素 / 英寸。

第二步：在工具箱单击"魔棒工具" ✨，在工具选项栏填入 容差：20 ，勾选 ✓ 消除锯齿，勾选 ✓ 连续，在照片白色区域单击一下，将白色区域设置为选区。

第三步：执行"选择—反向"命令（或按"Ctrl + Shift + I"）将鸭子设置为选区，如图 3.78 所示。

第四步：新建一块空白画布，执行"文件—新建"命令（或按"Ctrl + N"），根据鸭子原图像大小，在"新建"命令对话框中设置：宽 40 厘米，高 25 厘米，分辨率 72 像素 / 英寸，如图 3.79 所示，单击"确定"。

图 3.77   小鸭照片

图 3.78   鸭子设为选区

图 3.79   新建命令对话框

第五步：在工具箱单击"移动工具" ➕，在小鸭身上按下鼠标左键，将它拖移到新建好的空白画布上，并移放到右边，如图 3.80 所示。

第六步：重复"第五步"的操作，再拖一只鸭子放到左边，如图 3.81 所示。此时观察"图层"面板，图层增加了两层，"图层 1"和"图层 2"，如图 3.82 所示。

图 3.80   拖移生成新小鸭

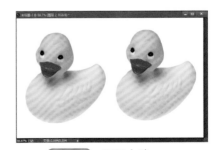

图 3.81   两只小鸭

第七步：在"图层"面板上，定位在"图层 2"，执行"编辑—变换—水平翻转"命令，将左边的鸭子向右翻转，变成对鸭，如图 3.83 所示。

第八步：执行"图层—合并可见图层"命令（或按"Ctrl + Shift + E"），再执行"文件—存储"命令（或按"Ctrl + S"），给文件起名"对鸭"保存好。

图 3.82　图层面板

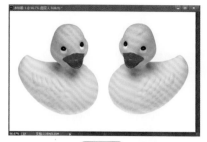

图 3.83　对鸭

案例 3-9　制作水中倒影

仍然利用"71 小鸭 .tif"照片，前三步的操作与"案例 3-8"一样，即将小鸭设置为选区。

第四步：打开"20 风景 03.jpg"照片，在工具箱单击"移动工具"，将小鸭拖移到风景照片上，要拖两次（即有两只鸭子），且第二次拖进来的小鸭要放在第一只的下方，如图 3.84 所示。

第五步：此时，图层面板上增加了两个图层："图层 1"和"图层 2"，且"图层 2"就是下边的小鸭，如图 3.85 所示。执行"编辑—变换—垂直翻转"命令，将下面的小鸭倒置，用"移动工具"将它拖移放合适，如图 3.86 所示。

图 3.84　两只小鸭拖放在水面

图 3.85　图层面板

图 3.86　垂直翻转小鸭

图 3.87　调"不透明度"

第六步：在"图层"面板上，定位在"图层 2"，调整"不透明度"，按照图 3.87 所示操作顺序：① 单击扩展按钮；② 将滑块向左拖，至文本框里的数据为 60% 左右时，下面一只小鸭变得朦朦胧胧了，如图 3.88 所示。

第七步：执行"滤镜—模糊—动感模糊"命令，在"动感模糊"对话框中一开始是看不见小鸭子的，因为它处于窗口放大状态，要单击缩小显示按钮，直至能看到小鸭为止，也可在小窗口中利用抓手图标，按下左键向上拖，直到露出小鸭子为止，如图 3.89 所示。

鸭子的模糊程度是靠"距离"来决定的，拖移"距离"滑块，至小鸭蒙蒙胧胧的，大概是46像素；拖指针为一个角度，单击"确定"。

图 3.88　朦胧小鸭

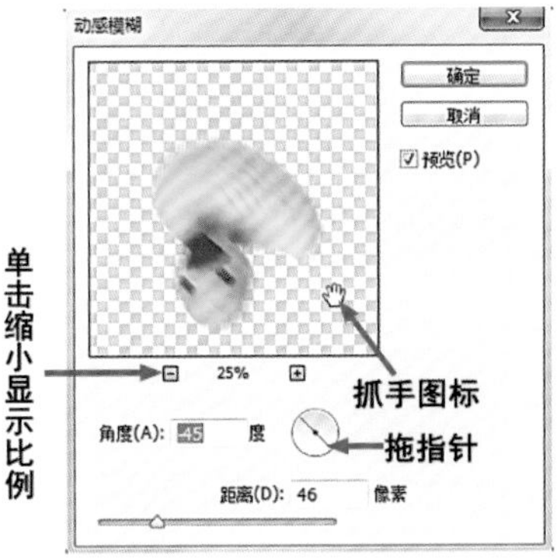

图 3.89　"动感模糊"对话框

第八步：执行"滤镜—扭曲—水波"命令，在弹出的"水波"对话框中设置"数量"为35，"起伏"为8，"样式"为"水池波纹"，如图3.90所示，单击"确定"。

第九步：执行"图像—调整—亮度／对比度"命令，在"亮度／对比度"对话框中调整"亮度"为-50，"对比度"为-5，如图3.91所示，这种调整目的是让水中的小鸭变暗一些，最终效果如图3.92所示。

注意：以上几个调整的参数不是固定不变的，是根据预览效果看的，只要视觉上达到满意就可以了。

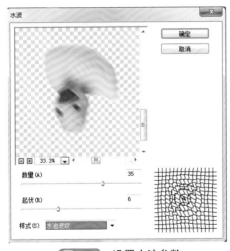

图 3.90　设置水波参数

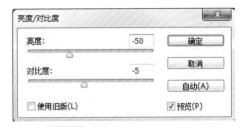

图 3.91　亮度／对比度对话框

第十步：执行"图层—合并可见图层"命令（或按"Ctrl ＋ Shift ＋ E"），将图层合并为一层，再执行"文件—存储为"命令（或按"Ctrl ＋ Shift ＋ S"），给文件另外起个名称，放在自己的文件夹里。

3.4.4.3　自由变换

这是一个对选区内容进行大小变换及旋转的命令，这个命令在"编辑"菜单里；执行"编辑—自由变换"命令（或按"Ctrl ＋ T"），可将选区内容框住，通称"变换框"，它有八个控制点，通过鼠标拖移任意一个控制点均可对图像进行放大或缩小，如果将鼠标置于变换框任意一个顶角的外围，当鼠标形状变成弯弯的双箭头时，可按下左键顺时针或逆时针旋转。这是图像处理当中最常用的一个命令，特别是在照片拼合上，有着它独特的优势，希望大家掌握它。

图 3.92　小鸭水中倒影

一般缩放或旋转都用鼠标拖动操作四个顶角上的控制点。但操作完成后一定要取消（退出）变换框，按回车键可直接应用退出变换框（在变换框内双击也同样可以应用退出变换框）。

注意：① 配上"Shift"键拖动任意一个顶角，可对图像等比例的放大或缩小。

② 配上"Alt ＋ Shift"键拖动任意一个顶角，是以图像的中心点为基准按比例进行放射性缩放。

3.4.5　操控变形

"操控变形"命令在"编辑"菜单里，它的工作原理类似于用图钉固定物体，将不需要变形的区域固定住，移动需要变形的区域，达到改变图像形状的目的。

由于"操控变形"命令不允许在"背景"图层上操作，所以操控对象应该是普通图层，最好是抠取好图像的图层。

案例 3-10　让龙虾变形

第一步：打开"14 龙虾图 .psd"照片，这张照片中的龙虾已经单独被抠取出来，在"图层"面板上有两个图层，如图 3.93 所示，"图层 1"是龙虾，且当前图层定位也在"图层 1"上。

第二步：执行"编辑—操控变形"命令，此时鼠标的形状像个锥子，分别在龙虾的两只钳轴部。① 单击选出 4 个固定点（相当于钉 4 颗图钉），如图 3.94 所示，红色箭头所指就是固定点；② 将两只钳子向外拖，效果如图 3.95 所示。

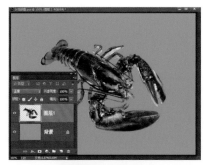

图 3.93　龙虾图

图 3.94　"操控变形"操作过程

第三步：变形结束后不要忘记按回车键，表示变形结束，也可以到工具选项栏单击"提交操控变形"按钮，表示变形结束。

图 3.95　钳子操控变形后

图 3.96　尾部操控变形后

第四步：用同样的操作方法，将龙虾身体部分钉三颗图钉，拖龙虾的尾部，效果如图 3.96 所示，变形结束后要按回车键，表示变形结束。

当执行操控变形时，工具选项栏（如图 3.97 所示）的设置与变形也有关。

模式：正常 ✚　浓度：正常 ✚　扩展：2像素 ✚ □ 显示网格　图钉深度：✚ ✚　旋转：自动 ✚ -80 度

图 3.97　"操控变形"的工具选项栏

① 模式：包括"刚性"、"正常"和"扭曲"3 个选项。选择"刚性"，变形效果比较精确，但缺少柔和的过渡；选择"正常"，变形效果比较准确，过渡也比较柔和；选择"扭曲"，可以在变形的同时创建透视效果。

② 浓度：包括"较少点"、"正常"和"较多点"3 个选项。选择"较少点"，网格点数量比较少，同时可添加的图钉数量也比较少；选择"正常"，网格点数量比较适中；选择"较多点"，网格点会非常细密，可添加的图钉数量也更多。

注意："浓度"3 个选项的比较，要将"显示网格" ✓ 显示网格 选项勾选后才能看出。

③ 扩展：用来设置变形效果的衰减范围，设置较大的数值后，变形网格的范围也会相应地向外扩展，变形之后，对象的边缘会更加平滑。反之，数值越小，则图像边缘变化效果越生硬。

④ 显示网格：勾选该选项，将显示网格，取消勾选该项，将隐藏网格。

⑤ 图钉深度：选择一个图钉，单击 ✚（将图钉前移）按钮，可以将图钉向上层移动一个堆叠顺序，单击 ✚（将图钉后移）按钮，可以将图钉向下层移动一个堆叠顺序。

⑥ 旋转：包括"自动"和"固定"两个选项，选择"自动"，在拖动图钉扭曲图像时，Photoshop CC 会自动对图像内容进行旋转处理；选择"固定"，可以在后面的输入框中输入精确的旋转角度。此外选择一个图钉后，按住"Alt"键可以在出现的变换框中旋转图钉（鼠标指针会是弯弯双箭头状）。按住"Alt"键也可以将选中的图钉去掉（鼠标指针会是剪刀状）。

⑦ 🔄 🚫 ✓：单击 🔄（移动所有图钉）按钮，可删除画面中的所有图钉；单击 🚫（取消操作）按钮或按键盘上的退出（Esc）键，可放弃变形操作；单击 ✓（提交操控变形）按钮或按键盘上回车（Enter）键，可确认变形操作。

3.4.6　控制选区的其他命令

这些命令都在"选择"菜单里，直接执行"选择—……"命令即可完成，同时这些命令都有快捷命令，按组合键也可完成。

① 全部（全选）"Ctrl + A"：可以将图像全部设置为选区。

② 取消选择"Ctrl + D"：可以取消当前的选取范围（去掉蚂蚁线）。

③重新选择"Ctrl＋Shift＋D"：可以重复上一次的范围选取。

④反向（反选）"Ctrl＋Shift＋I"：可以在选取区域与未选取区域之间切换。

3.5 实战练习

案例 3-11 拼合照片上的月亮

第一步：打开"82月全食01"和"83月全食02"两张照片（注意：照片不要最大化显示），如图3.98和图3.99所示，它们各自有自己的标题栏；"月全食01"这张照片月亮拍得较好，而"月全食02"是建筑物拍得较好，但月亮不理想。用学过的椭圆选框工具将左边照片上的月亮套选后拼合到右边照片上。

第二步：工具箱单击"椭圆选框工具" ⬭，在"月全食01"照片上，将月亮套出椭圆选区，如图3.100所示。注意：选区要套的适当的大一点，目的是为了给"羽化"值，让选区边缘有个柔和过渡，这样拼到另外照片上不会显得太生硬。

图 3.98 月全食 01

图 3.99 月全食 02

图 3.100 椭圆选区

第三步：在工具选项栏上单击"调整边缘"按钮（也可以执行"选择—调整边缘"命令，或按"Ctrl＋Alt＋R"），会弹出"调整边缘"对话框，如图3.101所示，设置"羽化"为96，单击"确定"。"羽化"值设置的大小，要根据所画的选区大小而定，拖该参数滑块时，一定要观察选区边缘虚化的程度，保持月亮是清晰的，周边都虚化了，虚化的程度如图3.102所示。

第四步：工具箱单击"移动工具" ➤，将选区内的月亮拖移到另一张"月全食02"照片上，并移放在合适位置，如图3.103所示。

图 3.101 调整边缘

图 3.102 周边虚化

图 3.103 月亮拼合效果

第五步：这个月亮太大了，与照片不协调，要将它缩小，执行"编辑—自由变换"命令（或按"Ctrl＋T"），此时月亮被一个变换框框住了，它有8个控制点，鼠标移到变换框右下角的控制点上，形状成为双箭头时（如图3.104所示），左手按住"Alt＋Shift"键，右手按下鼠标左键向月亮内方向拖移（向外拖移是放大），使月亮以中心点为基准，放射性地等比例缩小，先松开鼠标，再松开"Alt + Shift"键，用鼠标将月亮拖移放至合适的位置，按回车键，去掉变换框。

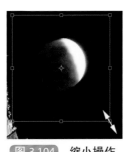

图 3.104　缩小操作

图 3.105　最终拼合效果图

第六步：执行"图层—合并可见图层"命令（或按"Ctrl + Shift + E"），再执行"文件—存储为"命令（或按"Ctrl + Shift + S"），将拼合好的照片另外取个名字保存到自己的文件夹里。最终拼合效果如图 3.105 所示。

！ 案例 3-12　水平翻转练习

第一步：打开"06 宝贝 2"照片，如图 3.106 所示，工具箱单击"魔棒工具" ，在照片白色区域单击，有隔断的白色区域要按下"Shift"键单击，使照片上所有白色区域出现选区，如图 3.107 所示。

图 3.106　宝贝 2 照片

图 3.107　白色区域为选区

图 3.108　调整边缘对话框

第二步：我们想把人物单独抠图提取出来，因此要执行"选择—反向"命令（或按"Ctrl + Shift + I"），将人物套为选区。

第三步：在工具选项栏单击"调整边缘"按钮（也可执行"选择—调整边缘"命令，或按"Ctrl + Alt + R"键），会弹出"调整边缘"对话框，设置"羽化"值为 4，其余参数均为 0，如图 3.108 所示，单击"确定"。

注意：设置羽化值的目的是让选区边缘有个柔和过渡，这样选区内的人物拼合到其他照片上边缘不会很生硬，会显得比较自然融合。

第四步：打开"15 儿童模板 002.psd"模板，它有多个图层，如图 3.109 所示；首先要将"06 宝贝 2"照片与"儿童模板 002"照片错位开，将"宝贝 2"照片激活，工具箱单击"移动工具" ，将选区围住的人物拖移到"儿童模板002"照片上，移放到左边小相框里，如图3.110所示。

第五步：执行"编辑—自由变换"命令（或按"Ctrl + T"），左手按下"Alt + Shift"键，用鼠标拖移变换框顶角的控制点，将宝贝适当地放大，并旋转一定的角度，用鼠标将宝贝拖移放合适，如图 3.111 所示，按回车键去掉变换框。

图 3.109　儿童模板 002

图 3.110　放到左边小相框里

注意：当执行了"自由变换"命令后，会有一个变换框套住要变换的内容，它有 8 个控制点，左手按下"Alt + Shift"键，鼠标拖移顶角上的控制点，表示是以中心点为基准，放射性地等比例缩放；将鼠标放在变换框顶角的外围，鼠标指针变成弯弯的双箭头━┓时，按下左键逆时针方向旋转。

第六步：将"宝贝 2"照片激活，用"移动工具"╋，将宝贝拖移到"儿童模板 002"照片上，移放到右边，执行"编辑—自由变换"命令（或按"Ctrl + T"），按下"Alt + Shift"键，用鼠标拖移变换框顶角的控制点，将宝贝放大，并移放合适，按回车键去掉变换框，如图 3.112 所示。

第七步：执行"编辑—变换—水平翻转"命令，将宝贝转成对称效果如图 3.113 所示。

图 3.111　放大并旋转

图 3.112　右边增加宝贝并放大

图 3.113　水平翻转成对称效果

第八步：执行"图层—合并可见图层"命令，将图层合并为一层；执行"文件—存储为"命令，给照片另外起个名字保存好（注意：保存位置要确定好）。

做这个练习时要注意：

①"06 宝贝 2"照片和"15 儿童模板 002"两张照片要错开位，不能让其中一张最大化显示，即要有各自的标题栏，要操作哪一张照片，就一定要激活那张照片。

②"图层"面板的变化，当我们用"移动工具"将宝贝拖移到"儿童模板 002"时，图层就会增加，如图 3.114 所示，这是个"图层"面板图，其中"图层 8"、"图层 9"就是新增加进去的。如果想移动一下宝贝的位置或放大缩小，一定要在"图层"面板上单击选中这一层（称图层定位），如果想要显示效果完美一些，在"图层"面板上调整一下图层顺序，将"图层 9"拖到"图层 1"下方。图中"图层 9"就是已被选中的图层，它是当前操作层，此时你若在照片上进行拖移或放大操作，被改变的就是图 3.113 右边的大宝贝图像。

图 3.114　图层面板

第4章
图像色彩原理与绘制图像

颜色是自然景观不可缺少的组成部分，我们都生活在五彩缤纷的多彩世界中。对颜色的调整与控制是图像处理中最关键的部分，因此，掌握好对图像的色彩控制是创作高品质照片的手段之一。

4.1 图像的色彩原理

4.1.1 颜色模式

颜色模式指的是同一种属性中的不同颜色的合成，颜色的种类有很多，Photoshop CC 所支持的颜色模式有 RGB 模式、CMYK 模式、灰度模式、Lab 模式、位图模式和双色调模式等。

（1）RGB 模式　RGB 颜色模式是 Photoshop 默认的色彩模式，也是应用最为广泛的一种颜色模式。这种颜色模式由 R（红色 Red）、G（绿色 Green）和 B（蓝色 Blue）3 种颜色的不同色值组合而成，如图 4.1 所示，也就是三原色，每种颜色都有 0 ～ 255 种不同的亮度值，然后再由三原色混合产生出成千上万种颜色，RGB 模式有 256×256×256 种颜色，即 1670 多万种颜色。

（2）CMYK 模式　CMYK 模式是一种印刷模式，它由分色印刷的 4 种颜色组成，即 C（青色 Cyan）、M（洋红色 Magenta）、Y（黄色 Yellow）、K（黑色 Black）。C、M、Y 分别是红、绿、蓝的互补色，由于这 3 种颜色混合在一起只能得到暗棕色，而得不到真正的黑色，所以另外引入了黑色，如图 4.2 所示。

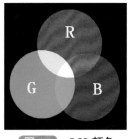

图 4.1　RGB 颜色

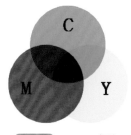

图 4.2　CMYK 颜色

在处理图像时，一般不采用 CMYK 模式，因为采用这种模式的文件大，会占用更多的磁盘空间和内存。此外，在这种模式下有很多滤镜都不能使用，所以在编辑图像时有很多的不便，因而通常都是在印刷时才转换成这种模式。

（3）灰度模式　灰度模式的图像可以表现出丰富的色调，但它始终是一幅黑白图像，就像我们平常看到的黑白照片一样。灰度模式的应用十分广泛，在黑白印刷中许多图像都采用灰度模式。

（4）位图模式　位图模式只有纯黑和纯白两种颜色，它占用磁盘空间小；这种色调只能制作出黑白两种颜色对比强烈的图像。要将一幅彩色图像转换成黑白位图模式时必须先转换成灰度模式的图像，然后转换成黑白位图模式的图像。

（5）Lab 颜色模式　Lab 颜色模式是 Photoshop 内部中的颜色模式，是颜色范围最广的一种颜色模式，可以涵盖 RGB、CMYK 的颜色范围。同时 Lab 模式是一种独立的模式，无论在什么设备（例如显示器、打印机、扫描仪等）中都能够使用并输出图像。因此，从其他模式转换为 Lab 模式时，不会产生失真。

（6）双色调模式　双色调模式是用 2 ～ 4 种自定油墨，创建双色调（两种颜色）、三色调（三种颜色）、四色调（四种颜色）的灰度图像。如果要将图像转换为双色调模式，必须先将图像转换为灰度模式。

4.1.2　颜色模式的转换

在 Photoshop 中，可以自由地转换图像的各种颜色模式。但是由于不同的颜色模式所包含的颜色范围不同，以及它们的特性存在差异，因而在转换时或多或少会丢失一些数据。此外，颜色模式与输出设备也息息相关，因此在进行模式转换时，就应该考虑到这些问题，尽量做到按需所求，谨慎处理，避免产生不必要的损失。

图像颜色模式转换都在菜单"图像—模式—……"命令中执行，如图 4.3 所示。

图 4.3　模式转换菜单

图 4.4　宝贝 3 照片

（1）RGB 模式与 CMYK 模式间的转换。

第一步：打开"07 宝贝 3.jpg"照片，通常照片的颜色模式都显示在标题栏上，如图 4.4 所示，"（RGB/8）"，表示这张照片的颜色模式是 RGB 的。

第二步：执行"图像—模式"命令，此时，我们从子菜单上看到"RGB 颜色"（左边有打钩），如图 4.3 所示，在子菜单中单击"CMYK 颜色"即可将"07 宝贝 3.jpg"照片颜色模式改变为 CMYK 颜色模式。

注意：当一个图像在 RGB 和 CMYK 间经过多次转换后，会产生较大的数据损失。因此应该尽量减少转换次数，或制作备份后再进行转换。

（2）RGB 模式与灰度模式间的转换。

第一步：打开"07 宝贝 3.jpg"照片像（因为前面在 RGB 模式与 CMYK 模式间的转换时，

图 4.5　转换"灰度"对话框

已打开过这张照片，此时也可在"历史记录"面板单击"打开"，即回退操作）。

第二步：执行"图像—模式"命令，在子菜单中单击"灰度"，此时会弹出图 4.5 所示对话框，问是否要扔掉颜色信息，单击"扔掉"，彩色照片就变成黑白照片了，如图 4.6 所示。

注意：当 RGB 颜色模式的图像转换为灰度图像时，将不能再显示原来图像的效果，因为转换后丢失的数据是不能恢复的，因此要慎重，做好备份后再转换。

同理，CMYK 颜色模式与灰度模式的转换操作也是如此。

（3）RGB 模式与位图模式间的转换。

有些颜色模式之间的转换不是直接可以进行的，如：要将一幅"RGB 颜色"模式的图像转换为"位图"模式时，一定要先转换为"灰度"模式后，菜单中"图像—模式—位图"命令才被激活。还有"双色调"模式也是如此。下面举例说明。

第一步：还是在"07 宝贝 3.jpg"照片上操作，在"历史记录"面板上单击"打开"，回退到打开状态。

第二步：执行"图像—模式—灰度"命令，在出现图 4.5 所示对话框时，单击"扔掉"。

第三步：执行"图像—模式—位图"命令，会弹出位图对话框，如图 4.7 所示，要单击"使用"右边扩展按钮▼，在下拉列表中单击"50% 阈值"，再单击"确定"，所得到的结果如图 4.8 所示。

单击扩展按钮

图 4.6　灰度模式照片　　　图 4.7　"位图"对话框　　　图 4.8　位图模式照片

（4）RGB 模式与双色调模式间的转换。

第一步：先把"07 宝贝 3.jpg"照片 RGB 模式转换为灰度模式，再执行"图像—模式—双色调"命令，会弹出"双色调选项"对话框，如图 4.9 所示。

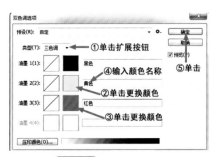

图 4.9　"双色调选项"对话框　　　图 4.10　操作顺序图

第二步：在"双色调选项"对话框中的操作顺序按图4.10所示步骤操作。①单击"类型(T)："扩展按钮，在弹出的下拉列表中单击选择"三色调"，此时，对话框中"油墨2"和"油墨3"被激活了（原来是灰暗的）；②单击"油墨2"右边的颜色块（注意：不是对角线框，是默认的白颜色块），会弹出"拾色器"对话框，如图4.11所示，选择一种颜色，如黄色单击一下，单击"确定"关闭"拾色器"对话框；③在"双色调选项"对话框中，单击"油墨3"右边的空白框，又会弹出"拾色器"对话框，选择红色单击一下，单击"确定"，关闭"拾色器"对话框；④输入颜色的名称，例如"黄色"；⑤最后单击"确定"，退出"双色调选项"对话框。此时，我们看到"宝贝3"照片已变成"三色调"模式了，且色彩的变化也很大，如图4.12所示。

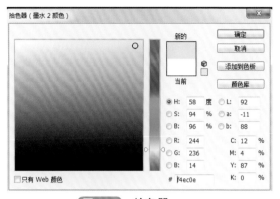

图 4.11　拾色器

图 4.12　三色调模式效果

第三步：执行"文件—存储为"命令（或按"Ctrl ＋ Shift ＋ S"），将照片另外起个名称保存。千万不要直接保存，以免破坏原照的色彩模式，因为这种模式要想转换回RGB颜色模式，是无法恢复照片色彩的。

4.2　选取颜色

在Photoshop中提供了许多种绘图工具，当使用这些工具时都需要先选取一种绘图颜色，画出用户想得到的完美效果。因此绘图颜色的选取是非常重要的。

4.2.1　前景色和背景色

在工具箱中有一个反映颜色的工具，即前景色与背景色，如图4.13所示，Photoshop通常默认前景色为黑色，背景色为白色。如果用鼠标单击切换┗┛标记，得到的是前景色为白色，背景色为黑色，单击■图标就恢复默认前景色为黑色，背景色为白色。要设置前景色或背景色的颜色，可用鼠标直接单击前景色或背景色，会弹出如图4.14所示的"拾色器"对话框，选取颜色的方法是：

①用鼠标单击"彩色域"某一处（此时鼠标如选取标志一样），"新选取的颜色"就会随着鼠标单击处的色域而改变颜色，单击"确定"，前景色或背景色就设置好了。

②有时"彩色域"的颜色不够丰富，可用鼠标在"色相轴"中单击，此时，"彩色域"的色彩会随着"色相轴"上选取的颜色位置而改变，然后单击"彩色域"中要选取的颜色，单击"确定"即可。

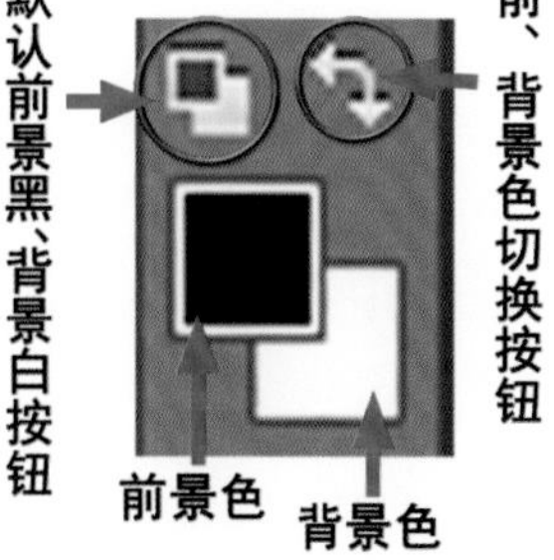

图 4.13　前景色与背景色

4.2.2 颜色面板设置颜色

使用"颜色"面板设置颜色同用"拾色器"设置颜色一样简单，在面板组区域单击开"颜色"面板（若面板组区域没有"颜色"面板，可执行"窗口—颜色"命令或按"F6"键就可调出），如图 4.15 所示。"颜色"面板提供的是 RGB 颜色模式的滑块，用鼠标分别拖移这三个滑块，就可改变前景色，也可用鼠标直接单击颜色取样框（也称"色相轴"）上的任意一种颜色来改变前景色；要想在"颜色"面板上改变背景色，左手要按下"Alt"键，单击颜色取样框上任意一个位置的颜色。

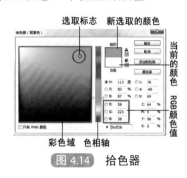

图 4.14　拾色器

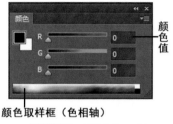

图 4.15　"颜色"面板

4.2.3 色板面板设置颜色

同理，利用"色板"面板也可以设置前景色或背景色，如图 4.16 所示，用鼠标直接单击某个小色块，改变的是前景色；左手按下"Ctrl"键，单击颜色块，改变的是背景色。

图 4.16　"色板"面板

4.2.4 吸管工具设置颜色

使用吸管工具可以在图像区域中进行颜色采样，并用采样颜色重新定义前景色或背景色。操作方法是：打开"19 风景 02.jpg"照片，如图 4.17 所示，在工具箱中单击"吸管工具" （吸管工具的位置如图 4.18 所示），在图像上单击所需选取的颜色，例如单击红枫树叶，此时，前景色就会改变，变成红枫叶颜色；左手按下"Alt"键单击可以改变背景色。

图 4.17　风景 02 照片

图 4.18　吸管工具

图 4.19　"信息"面板

注意：在用"吸管工具" 选取颜色时，最好将"信息"面板打开，如图 4.19 所示，"吸管工具"移动到照片上任何一个位置，"信息"面板上都会有许多参数在不停地变化显示，在这里我们比较关注的是 R、G、B 三个颜色参数的变化，照片上每个点都对应有这三个参数的值。

4.3　填充颜色或图案

设置好所需的颜色后，就可以将颜色应用到图像中，下面介绍几种图像填充颜色的方法。

4.3.1 用填充命令填充

填充命令可对整个图像或选区中填充颜色，操作步骤如下。

第一步：打开"71 小鸭 .tif"照片，我们想改变小鸭的背景颜色，先要设置选区，在工具箱单击"魔棒工具" ，工具选项栏将"连续"选项勾选，在图像白色区域单击一下，使白色区域变为选区，如图 4.21 所示。

图 4.20　小鸭照片

图 4.21　白色区域变选区

第二步：执行"编辑—填充"命令，会弹出"填充"对话框，如图 4.22 所示。刚打开填充对话框，通常在"使用（U）："栏默认的是"前景色"填充（也就是工具箱中的前景色），单击"确定"，原来白色的选区被工具箱中的前景色替换了。

第三步：若在"填充"对话框中单击开"使用(U)："的扩展按钮，如图 4.22 所示，会有多种填充选项供选择。

① 背景色（或前景色）：单击选择该选项表示使用工具箱中背景色填充。

② 颜色：单击选择该选项后，会弹出"拾色器"对话框，此时可用鼠标在彩色域 或色相轴随意单击选取填充的颜色。

③ 图案：选择该项后，"填充"对话框中的"自定图案"选项变成激活状态，单击"自定图案："按钮，会打开图案拾色器，如图 4.23 所示，单击选取一款图案，再单击"确定"，小鸭的背景就填充成图案了，如图 4.24 所示。

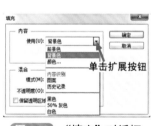
图 4.22　"填充"对话框

图 4.23　图案拾色器

图 4.24　图案填充效果

Photoshop 通常在图案拾色器中默认几种图案，其实图案有很多，可以追加的，单击 4.23 图示上的图案拾色器菜单按钮，可展开如图 4.25 所示菜单，在菜单中单击"图案"，会弹出提示对话框，如图 4.26 所示，此时，单击"确定"是用"图案"组的图案替换掉当前图案拾色器中的图案；若单击"追加"，是将"图案"组的图案添加到图案拾色器中，如图 4.27 所示。

注意：① 可以掌握用快捷命令键填充前景色和背景色。按下"Alt ＋ Delete"组合键是用前景色填充，按下"Ctrl ＋ Delete"组合键是用背景色填充。

② 图案追加的太多会占用电脑内存的空间，容易造成电脑运行速度慢。如果拾色器中

图案太多或太乱，可在图 4.28 所示菜单中单击"复位图案"，在弹出的对话框中单击"确定"，即可恢复 Photoshop 默认状态。

<table>
<tr><td>图 4.25 菜单</td><td>图 4.26 "图案"追加提示</td><td>图 4.27 新追加的图案</td><td>图 4.28 复位图案</td></tr>
</table>

③ 填充结束后，要执行"选择—取消选择"命令（或按"Ctrl ＋ D"）将选区取消掉（即去掉虚线），然后再执行"文件—存储为"命令（或按"Ctrl ＋ Shift ＋ S"），将新制作好的照片保存好。

图 4.29 是用背景色填充效果（此时工具箱背景色应该是红色），图 4.30 是用新追加进的图案填充效果。

图 4.29 背景色填充效果

图 4.30 新追加图案填充效果

4.3.2 载入图案填充

本书提供的素材里有"附件"文件夹，内有"画笔 4 套"，"图案 2 套"，"样式 2 套"文件夹，读者可根据需要将这些素材载入到相关的工具里，下面举例说明。

第一步：仍然是小鸭照片，用"魔棒工具" ![icon] 将白色区域创建为选区。

第二步：执行"编辑—填充"命令，在填充对话框中，将"使用"栏选择"图案"，将"自定图案"激活，如图 4.31 所示。

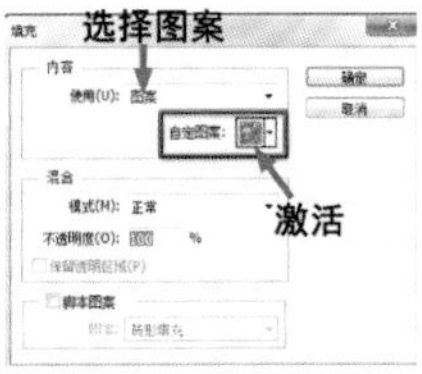

图 4.31 填充对话框

第三步：在"填充"对话框中，将图案拾色器单击打开，单击菜单按钮，在菜单中单击"载入图案"，如图 4.32 所示。会弹出"载入"对话框，找到存放"图案 2 套"素材的路径，单击选中"gj100809_4.pat"文件，单击"载入"，如图 4.33 所示。

第四步：使用新载入的图案填充，执行"编辑—填充"命令，在"填充"对话框中，打开图案拾色器，单击新载入的图案，如图 4.34 所示，单击"确定"，新图案填充效果如图 4.35 所示。

图 4.32　图案拾色器菜单

图 4.33　"载入"对话框

图 4.34　"填充"对话框

图 4.35　新图案填充效果

第五步：执行"选择—取消选择"命令（或按"Ctrl ＋ D"）将选区取消掉（即去掉虚线），然后执行"文件—存储为"命令（或按"Ctrl ＋ Shift ＋ S"），将新换好背景的照片保存好。

4.3.3　油漆桶工具填充

在工具箱中有"油漆桶工具" ，图 4.36 是"油漆桶工具"在工具箱的位置图。它可以为图像填充纯色或图案，其作用与填充命令相似，它们的区别在于，使用填充命令可以填充整个图像或选区，而"油漆桶工具"只能填充图像或选区中位于容差范围内颜色相近的图像区域，这个特性是由工具选项栏所决定的，如图 4.37 所示。

图 4.36　油漆桶工具

用"油漆桶工具"填充，即可填充纯色，又可填充"图案"，而图案选取的方法同前面 4.3.1 节介绍的"编辑—填充"命令中的"图案"填充方法基本相同。

下面介绍"油漆桶工具"的工具选项栏，如图 4.37 所示。

图 4.37　"油漆桶工具"的工具选项栏

① 前景：设置填充区域的源，单击扩展按钮也可选择"图案"，如图 4.38 所示（通常默认是用"前景"色填充）。

② 模式：用于选择填充时颜色的混合模式，混合模式这个概念我们在第 6 章中讲，在此我们只用"正常"模式。

③ 不透明度：用于设置填充时颜色的不透明度，不透明度降低，填充色会变暗淡。

④ 容差：用于设置填充时颜色近似范围的程度，通常以单击处填充点的颜色为基准。容差值越大，填的范围越大，反之则越小。

⑤ 连续的：勾选此选项后，油漆桶工具只填充相邻的区域，反之则会将不相邻的区域只要颜色接近（容差允许范围内）均被填充。

⑥"油漆桶工具" 填充的方法如下。

第一步：仍然利用"71 小鸭 .tif"照片，照片中小鸭的颜色（黄色）与背景颜色（白色）对比非常鲜明，很适合使用"油漆桶工具" 填充来改变背景颜色。

第二步：在工具箱单击"油漆桶工具" ，在图像的白色区域单击一下，小鸭照片的白色背景已被工具箱中的前景色填充了（此时，前景色为黑色），如图 4.39 所示。

第三步：可在"历史记录"面板回退到"打开"状态（单击"打开"），再单击"油漆桶工具" ，在工具选项栏中，单击选"图案"（如图 4.40 所示）。

图 4.38　扩展内容

图 4.39　前景色填充

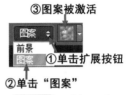

图 4.40　选择图案

第四步：由于选择了图案，右边的图案会被激活，如图 4.40 所示，单击图案样块，会打开图案拾色器，如图 4.41 所示；图案拾色器中图案的载入与前面 4.3.2 小节所介绍方法一样，本案载入了"图案 2 套"素材中"gj100728_3.pat"，单击选择一种新的填充图案，到小鸭照片的白色区域单击一下，图案就填充好了，效果如图 4.42 所示。

图 4.41　图案拾色器

图 4.42　填充效果

4.3.4　渐变工具填充

在工具箱中"渐变工具" 与"油漆桶工具"放在同一组，如图 4.43 所示。

"渐变工具"可以为图像填充两种或两种以上过渡色彩的渐变混合色。"渐变工具"对应的工具选项栏如图 4.44 所示。

图 4.43　渐变工具

① 渐变编辑器：用鼠标单击它，可弹出"渐变编辑器"对话框如图 4.45 所示，在"渐变编辑器"中，自己可以编辑渐变色，但这个过程相对容易一点，在此不做介绍。若单击其右侧的扩展按钮 ，可打开"渐变拾色器"面板，如图 4.46 所示。

图 4.44　"渐变工具"对应的工具选项栏

图 4.45 "渐变编辑器"对话框

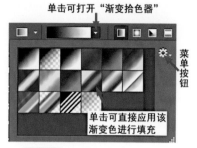

单击可打开"渐变拾色器"

菜单按钮

单击可直接应用该渐变色进行填充

图 4.46 "渐变拾色器"面板

在"渐变拾色器"中，第一块渐变色通常是由前景色到背景色的渐变（此时工具箱前景色为黑色，背景色为白色）。

② 渐变类型：共 5 种，从左起：。

a. 线性渐变：是从渐变的起点到终点作直线状的渐变；

b. 径向渐变：是从渐变的中心作放射性的渐变；

c. 角度渐变：是从渐变中心开始到终点作逆时针方向的角度渐变；

d. 对称渐变：是从渐变的中心开始作对称直线状形状渐变；

e. 菱形渐变：从渐变的中心开始菱形渐变。

"渐变工具"填充的方法如下。

第一步：执行"文件—新建"命令（或按"Ctrl + N"），在"新建"命令对话框中设置宽度、高度均为30厘米，分辨率72像素 / 英寸、RGB颜色模式、白色背景（如图4.47所示）的空白画布（对话框中设置好参数后不要忘记单击"确定"）。

第二步：在工具箱单击"渐变工具"，到工具选项栏"渐变拾色器"中单击点选一种渐变色（如图4.46所示，单击一块"黄、紫、橙、蓝渐变"），在"渐变类型"中单击选择"线性渐变"，在空白画布中，从上至下按下左键拖直线，也可从斜上方拖对角线，拖画的方向如图4.48所示，松开鼠标，渐变色就填充到画布内了，如图4.49所示。

图 4.47 "新建"对话框

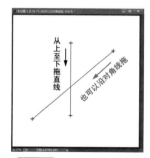

从上至下拖直线

也可以沿对角线拖

图 4.48 渐变填充方法

第三步：在工具选项栏中，在"渐变类型"中单击选择"径向渐变"，从画布的中心点向下拖直线，填充效果如图4.50所示，如果想拖笔直的线，可左手按下"Shift"键拖。

同样，在"渐变类型"中单击选择"角度渐变"或"菱形渐变"时，都要在画布的中心点开始向下（或向上、向左、向右等方向均可）拖直线，图4.51是菱形渐变填充效果。

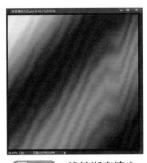

图 4.49　线性渐变填充　　图 4.50　径向渐变填充　　图 4.51　菱形渐变填充

③ 模式：在此选项中可以选择渐变色彩混合模式。

④ 不透明度：可以设置渐变的不透明度，不透明度降低，填充色会变暗淡。

⑤ 反向：选择该选项后，所得到的渐变色方向与设置的渐变色方向相反。

⑥ 仿色：勾选该选项后，可以使渐变颜色之间的过渡更加平滑柔和。

⑦ 透明区域：勾选该选项后，能够进行透明渐变填充，否则透明渐变区域将被渐变颜色取代。

注意：a."渐变工具"与"油漆桶工具"填充时对填充的区域有区别。

"渐变工具"要靠设置选区，如果没有选区，会对整个图像填充渐变色。而"油漆桶工具"不需设置选区，它靠"容差"值大小来进行颜色识别，容差值越大，填充范围越大，反之，容差值越小，填充范围越小。如果设置了选区，"油漆桶工具"也只是在选区内填充，但还是要靠颜色识别来填充。

图 4.52　菜单

b. 渐变色也可以追加和载入，追加和载入的方法同"图案"追加、载入一样，在图 4.46 所示的"渐变拾色器"面板中，单击菜单按钮，会弹出菜单，如图 4.52 所示，假如在菜单中选择"简单"单击，在弹出的对话框中单击"追加"，渐变拾色器中就会增加一组"简单"的渐变。

c. 渐变色追加的太多容易造成电脑运行速度变慢，渐变用完后要在"渐变拾色器"菜单中单击"复位渐变"。

4.3.5　自定义图案填充

前面我们讲了用图案填充的方法，但这些图案都是 Photoshop 软件中固有的图案，Photoshop 还提供了自定义图案填充的功能，首先要利用"编辑——定义图案"命令将自选的图案定义到"图案拾色器"中，下面这个例子就是自定义图案的具体操作方法。

案例 4-1　填充制作台布

第一步：打开"68 鲜花 .jpg"照片，如图 4.53 所示；执行"图像—图像大小"命令，查看图像大小，宽：12 厘米，高 12 厘米，分辨率 72 像素 / 英寸。

第二步：执行"编辑—定义图案"命令，弹出对话框，如图 4.54 所示，默认"名称 (N)："为"68 鲜花 .jpg"，单击"确定"，

图 4.53　鲜花照片

图 4.54 "图案名称"对话框

鲜花图案就定义到填充图案的拾色器中了，如图 4.55 所示（此时，要到工图具箱单击"油漆桶工具" ，在工具选项栏中选择"图案"，再将图案拾色器打开才能看到）。

第三步：执行"文件—新建"命令（或按"Ctrl + N"），新建一幅空白图片，在"新建"对话框中名称输入"台布"，宽 150 厘米，高 150 厘米，分辨率 72 像素 / 英寸，颜色模式为 RGB，白色背景，单击"确定"。

第四步：工具箱单击"油漆桶工具" ，在工具选项栏中选用"图案"，再打开图案拾色器，如图 4.55 所示，单击"鲜花"图案，然后到新建的空白画布上单击一下，填充完成，效果如图 4.56 所示。

图 4.55 图案拾色器

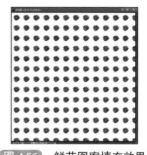

图 4.56 鲜花图案填充效果

注意：也可以执行"编辑—填充"命令进行填充。

第五步：执行"文件—存储"命令，将新制作的台布保存到自己的文件夹。

4.3.6 用样式填充

执行"窗口—样式"命令，可打开"样式"面板（也称调板）。Photoshop CC 在"样式"面板中提供了许多种样式，如图 4.57 所示，我们看到的只是表面上的一部分默认样式，它有许多样式都在菜单按钮中，可供替换或追加样式。下面的案例 2 中会具体讲解如何追加或替换样式。

在这里我们提示大家，"样式"的应用对图层有要求，它不能应用在"背景"层和被锁定的图层，要应用在普通图层。

图 4.57 "样式"面板

💧 **案例 4-2** 制作小鸭板画

第一步：打开"71 小鸭 .tif"照片。

第二步：用"魔棒工具" 单击白色区域，使白色区域变为选区，如图 4.58 所示；执行"选择—反向"命令（或按"Ctrl + Shift + I"），将鸭子变为选区。

第三步：这只鸭子太大了，想把它缩小一点，执行"编辑—自由变换"命令（或按"Ctrl + T"），左手按下"Alt + Shift"键，将鸭子等比例缩小，如图 4.59 所示，按回车键，去掉变换框。

第四步：执行"图层—新建—通过拷贝的图层"命令（或按"Ctrl + J"键）复制出一

个鸭子图层，在"图层"面板上生成"图层1"，如图4.60所示。

图 4.58　白色区域变选区　　　图 4.59　缩小后的小鸭　　　图 4.60　"图层"面板

第五步：在"图层"面板上，鼠标双击"背景"层（通常"背景"图层是被锁住的，如图4.61所示），出现图4.62所示对话框，名称为"图层0"，其余都不变，单击"确定"，此时"背景"图层的性质被改变，锁没有了，变成普通图层了，名称也变成"图层0"了，如图4.63所示。

图 4.61　改变背景层　　　图 4.62　更改图层属性对话框　　　图 4.63　图层 0

另外，还有一个改变"背景"层的方法是：按下"Alt"键双击"背景"层，可直接将"背景"层变为"图层0"，不会出现图4.62所示的对话框。

第六步：到"样式"面板，单击任意一块样式，小鸭背景都会改变（第一块不能用，它表示无样式），但这些背景都不太漂亮，要追加一组样式。单击"样式"面板右上侧的菜单按钮▼☰，弹出下拉菜单，如图4.64所示，选择"玻璃按钮"单击一下，会弹出如图4.65所示的提示对话框，在此单击"追加"，一组"玻璃按钮"样式就增加到"样式"面板中了，如图4.66所示，单击其中任意一块，小鸭背景都会被填充。

图4.67是完成好的小鸭板画，很漂亮，还有立体感。

第七步：执行"图层—合并可见图层"命令（或按"Ctrl + Shift + E"），将图层合并为一层，使图像容量缩小；再执行"文件—存储为"命令（或按"Ctrl + Shift + S"），另起一名称，保存到自己的文件夹。

注意：① 如果样式"追加"的太多，占内存容量大，容易造成电脑运行速度慢，样式用完后，单击"样式"面板上菜单按钮，在菜单中单击"复位样式"，在弹出的提示对话框中单击"确定"即可。

图 4.64　菜单　　　　　图 4.65　"追加"提示对话框　　　　　图 4.66　追加后"样式"

② 样式也可以另外载入，在素材中提供了"样式 2 套"，图 4.68 所示是载入"竖条花纹 2 块 .asl"样式后制作的板画，图 4.69 是载入"皮背景等 12 块"样式后制作的板画。载入方法如下。

图 4.67　小鸭板画　　　　　图 4.68　竖条花纹样式　　　　　图 4.69　皮背景样式

第一步：打开"样式"面板，按照图 4.70 所示顺序操作，①单击样式面板上的菜单按钮，会弹出菜单；②在菜单中单击"载入样式"。

第二步：会弹出"载入"对话框，在对话框中找到存放"样式 2 套"文件夹的路径，双击打开该文件夹，找到"竖条花纹 2 块 .asl"文件，双击该文件就完成载入了，如图 4.71 所示。此时"样式"面板已经新增加了两块样式，如图 4.72 所示。

图 4.70　"样式"面板菜单　　　　　图 4.71　"载入"对话框　　　　　图 4.72　新增样式

4.3.7　描边

执行"编辑—描边"命令可以给选区边缘描出特殊色彩。其步骤如下：

第一步：打开"71 小鸭 .tif"照片。

第二步：到工具选择"魔棒工具" ，在白色区域单击一下，使白色区域变为选区，再执行"选择—反向"命令（"Ctrl + Shift + I"），将小鸭变为选区。

第三步：执行"编辑—描边"命令，会弹出如图 4.73 所示"描边"对话框，在该对话框中设置参数，顺序按照图示进行。"宽度"：表示描出边的宽度，输入 10，单位是像素 px ；"颜色"：可用鼠标单击颜色块，打开"拾色器"，选取一种颜色，在此例中选蓝色；其余设置均不变，单击"确定"。

第四步：按"Ctrl + D"取消选择。这样一幅描边作品就完成了，如图 4.74 所示 。

图 4.73 "描边"对话框

图 4.74 描边后小鸭

4.4 绘图工具

在 Photoshop CC 中有许多绘图工具包括画笔、铅笔、钢笔、历史记录画笔、历史记录艺术画笔、颜色替换工具等，利用这些绘图工具可轻松创作出精彩漂亮的平面作品。这些绘图工具有许多共同特点，如每个工具都有各自的属性（选项），每个工具在绘制图形时，都需要设置绘图区域，选取绘图颜色，要控制画笔大小。

4.4.1 画笔工具组

画笔工具组是由"画笔工具"、"铅笔工具"、"颜色替换工具"及"混合器画笔工具"组成的，如图 4.75 所示。

图 4.75 画笔工具组

4.4.1.1 画笔工具

"画笔工具"主要可以分为两种形式，即笔刷式画笔和图案式画笔，它直接影响绘图的效果。在使用画笔之前需要对它进行设置。

在工具箱单击点选了"画笔工具" 后，就有了相应的工具选项栏，如图 4.76 所示。

图 4.76 "画笔工具"的工具选项栏

①"画笔预设"选取器：单击扩展按钮，可打开"画笔预设"选取器，如图 4.77 所示。拖移"大小"滑块可改变笔刷大小，拖移"硬度"滑块可改变硬度（即设置尖角、柔角）。

有时笔刷样式还可以选图案或形状，将滚动条向下拖，会有比较丰富的图案，如枫叶 ★ 等。另外，笔刷图案或形状还可以追加，单击菜单按钮，在弹出的菜单中可选择一组画笔追加，例如追加"特殊效果画笔"。

"硬度"：表示画笔边缘的坚硬程度，即画笔实心部分的大小，边缘很柔和（虚化）的称柔角，边缘很犀利的称尖角。硬度可在 0 ～ 100% 之间调节，硬度为 100% 时是尖角，硬度为 0 时是柔角。

笔刷如果选择了图案，"硬度"就变灰暗了，不能设置。

② 切换画笔面板🔲：这个按钮是显示或隐藏画笔面板的，单击它会打开画笔面板，如图 4.78 所示，再单击它又会隐藏画笔面板。

③ 模式：单击"模式"扩展按钮⬍，会拓展出菜单，可以设置画笔颜色与图层颜色的混合模式，混合模式我们将在第 6 章中详细讲解。在此均按照"正常"模式来绘图。

④ "不透明度"：是设置画笔所沾颜料的浓度，调节不透明度的方法即可拖滑块（如图4.79 所示），也可以直接输数据。

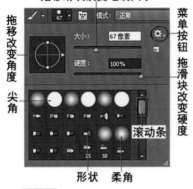

图 4.77　"画笔预设"选取器　　　　图 4.78　画笔面板　　　　图 4.79　调不透明度

⑤ 绘图板压力不透明度🖌：单击它能使用绘图板压力来控制不透明度，此功能需要连接绘图板后才能被真正使用。

⑥ "流量"：是设置画笔在绘图时出墨的快慢（墨扩散的快慢），调节流量的方法与调"不透明度"一样，即可拖滑块，也可以直接输数据。

⑦ 启用喷枪模式🖌：单击启用它，"画笔工具"就会使用喷枪效果绘图（此时画笔笔刷应该选取一种图案），在一个地方停留时间越久（按下左键不松手），所喷出的色点越深，喷溅的面积也越大。

⑧ 绘图板压力控制🖌：单击它可启用绘图板压力控制大小。

例如：在设置好画笔笔刷后，执行"文件—新建"命令，新建一宽度和高度均为 40 厘米、分辨率默认、RGB 颜色模式、背景为白色的空白画布，在画布中按下鼠标左键拖动画笔，即可绘制出所需的图像效果。

注意：a. 画笔通常默认用前景色绘画。

b. 笔刷大小可用键盘上中括号键"[ ]"来控制，控制方法在 3.2.2.2 讲快速选择工具时有介绍。

c. 按下 Shift 键可画直线。

d. 在"画笔预设"选取器中，画笔笔刷形状有很多，向下拖移滚动条会上翻很多种形状供使用，当选择某种图案形状时，"硬度"不可控制。

e. 笔刷若选择了枫叶图案，下一次再使用"画笔工具"🖌时，总会保持在枫叶笔刷的状态，应该在"画笔预设"选取器里单击选择圆形笔刷，圆形笔刷是"画笔工具"的常态。

我们将工具箱前景色设置为红色，背景色设置为黄色，画笔笔刷选择枫叶 74 形状★，在空白画布中单击或拖动鼠标绘制。

4.4.1.2 设置画笔面板

在工具选项栏有一个切换画笔面板 ![icon] 按钮，单击该按钮，弹出"画笔面板"对话框，如图 4.78 所示，这里面有几个复选框的选项，若将"形状动态"、"散布"及"颜色动态"勾选，则画笔在绘制时枫叶形状及颜色都会变。

4.4.1.3 解析"画笔"面板

因为"画笔"面板的参数比较多，许多初学者学习起来有点困难，下面对画笔动态选项中部分比较常用也比较实用的参数进行讲解。

（1）形状动态（如图 4.80 所示） 单击"形状动态"（注意：要单击到字上，勾选并不能展开相对应的参数设置），右半边会展现出一些"形状动态"调节参数，拖移滑块改变参数，要观察"预览窗"笔刷动态变化。

① 大小抖动：此参数控制画笔笔刷大小改变的方式和波动幅度，百分数越大，轮廓就越不规则，波动的幅度也越大。在该选项下方的"控制"下拉列表中，选择"关"选项则在绘制过程中画笔尺寸始终波动；选择"渐隐"选项则可以在其后面的数值输入框中输入一个数值，以确定尺寸波动的步长值，到达此步长值后波动随即结束；选择"钢笔压力"、"钢笔斜度"、"光笔轮"选项时，则依据钢笔压力、钢笔斜度、钢笔拇指指轮位置来改变初始直径和最小直径之间的画笔笔尖大小。

注意："钢笔压力"、"钢笔斜度"、"光笔轮"三种方式都需要安装了绘图板或感压笔方可支持，否则选择这些选项时，该选项左侧将显示一个惊叹号 ![icon]。

② 最小直径：此数值控制在画笔尺寸发生波动时画笔的最小尺寸。百分数越大，发生波动的范围越小，波动的幅度也会相应变小。

③ 角度抖动：此参数控制画笔在角度上的波动幅度，百分数越大，波动的幅度也越大，画笔显得越紊乱。

④ 圆度抖动：此参数控制画笔笔迹在圆度上的波动幅度，百分数越大，波动的幅度也越大。

⑤ 最小圆度：此参数控制画笔笔迹在圆度发生的波动时，画笔的最小圆度尺寸值。百分数越大，发生波动的范围越小，波动的幅度也会相应变小。

（2）散布（如图 4.81 所示） 单击"散布"，右半边会展现出一些"散布"调节参数，拖移滑块改变参数，要观察"预览窗"笔刷动态变化。

① 散布：此参数控制画笔笔画的偏离程度，百分数越大，偏离程度越大。

② 两轴：勾选此选项，画笔点在 X 和 Y 两个轴向上发生分散；如果不选择此选项，则只在 Y 轴上发生分散。

③ 数量：此参数控制画笔笔迹的数量。数值越大，画笔笔迹越多。

④ 数量抖动：此参数控制在绘制的笔画中画笔笔迹数量的波动幅度。百分数越大，画笔笔迹数量的波动幅度越大。

（3）颜色动态（如图 4.82 所示） 单击"颜色动态"，右半边会展现出一些"颜色动态"调节参数，拖移滑块改变参数，但此时"预览窗"笔刷动态无变化，因为预览窗内显示是灰度的。

① 前景 / 背景抖动：此参数用于控制画笔的颜色变化情况。数值越大，则越接近于背景色；反之则越接近于前景色。

图 4.80　形状动态设置

图 4.81　散布设置

图 4.82　颜色动态设置

② 色相抖动、饱和度抖动及亮度抖动：这些参数用于控制画笔的颜色随机变化的效果。"色相抖动"数值越小，颜色变化越接近于前景色；数值越大，颜色变化越多。"饱和度"抖动用于控制笔刷颜色的饱和度变化范围。"亮度抖动"用于控制笔刷颜色亮度的变化范围。

颜色：颜色是"色相"、"饱和度"和"明度"（亮度）三项的总和。在图像中，颜色是由"色相"、"饱和度"和"明度"（亮度）来决定的。

a. 色相：指颜色的相貌，如红色、绿色、蓝色，它们的色相是不同的。

b. 饱和度：指颜色的鲜艳程度，十分鲜艳的红色与暗红色的饱和度是不一样的，前者饱和度高，饱和度越高颜色就越鲜艳。

c. 明度（亮度）：颜色的明亮程度，如黄色比蓝色要亮一些。

③ 纯度：此参数控制画笔颜色的纯度。

案例 4-3　利用画笔工具画一幅画

第一步：执行"文件—新建"命令（或按"Ctrl ＋ N"），新建 40 厘米 ×40 厘米，分辨率默认，RGB 颜色模式，白色背景的空白画布。同时要打开"历史记录"面板和"图层"面板。

第二步：在工具箱，设置前景色为湖蓝色，背景色为粉红色，工具箱单击"渐变工具"，工具选项栏单击"渐变拾色器"的扩展按钮，选择第一块渐变色，单击"线性渐变"（渐变类型），在空白画布上由上至下拖直线，填充上渐变色。

第三步：在工具箱设置前景色为绿色，背景黄色，用"画笔工具"，在工具选项栏单击打开"画笔预设"选取器，选择小草笔刷，用"[ ]"调整笔刷大小，在图片的下半部分拖移鼠标涂抹，画出草丛。

注意：① 画之前，要将工具选项栏"画笔面板"单击打开。

② 设置"形状动态"、"散布"和"颜色动态"一定要单击到这几个字上，且边设置（拖动滑块），边观察预览窗动态变化。

a. 形状动态："大小抖动"为 100％，"最小直径"为 14％，"角度抖动"为 8％，"圆度抖动"为 18％，"最小圆度"为 20％。

b. 散布："数量"为 3，"数量抖动"为 100％。

c. 颜色动态："前景 / 背景抖动"为 100％，"色相抖动"为 20％。

第四步：图 4.83 是画草丛的效果图，在"历史记录"面板上单击"创建新快照"按钮，建"快照 1"，保存好前面的操作结果。如图 4.84 所示。

图 4.83　画草丛效果图

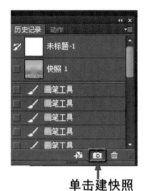

单击建快照

图 4.84　"历史记录"面板建快照

第五步：在工具箱设置前景色为红色，背景紫色，用"画笔工具"，选择笔刷形状为枫叶，用"[　]"调整好笔刷大小。

第六步：在"画笔"面板中，分别单击"形状动态"等选项。

① 形状动态：设置"大小抖动"为 100%，"最小直径"为 22%，"角度抖动"80%，"圆度抖动"21%，"最小圆度"为 25%。

② 散布：勾选"两轴"选项，散布 1000%，"数量"为 3，"数量抖动"为 100%。

③ 颜色动态："前景 / 背景抖动"为 100%，"色相抖动"、"饱和度抖动"、"亮度抖动"均为 30%，纯度为 +20%；在天空画出散乱的枫叶。

注意：这里尽量不要大面积地拖鼠标，有些地方要单击比较合适，笔刷大小要随时调节，这样画出来枫叶大小不一，效果如图 4.85 所示。

第七步：在"历史记录"面板上建立"快照 2"，保存好前面的操作结果。

第八步：画气球，工具箱单击点选"椭圆选框工具"，画出椭圆，执行"选择—变换选区"命令，将椭圆任意旋转一个角度，按回车键，去掉变换框。工具箱单击点选"渐变工具"，在椭圆内拖直线填充颜色（可以事先设置好前景色为红色，背景色为粉红色，使它成为"渐变拾色器"中的第一块渐变色），效果如图 4.86 所示。执行"选择—取消选择"命令（或按"Ctrl ＋ D"）取消选区。用同样的方法再画两个气球，大小不一，填充的渐变颜色也不一样。

图 4.85　画出枫叶效果图

图 4.86　画出气球效果图

第九步：在工具箱单击点选"铅笔工具" ✏，设置笔刷大小为 4 个像素，设置工具箱前景色为黑色，给气球画线（绳子），最终效果如图 4.87 所示。

第十步：执行"文件—存储"命令（或按"Ctrl ＋ S"），将这幅画保存好。

4.4.1.4 画笔笔刷追加与载入

画笔笔刷可以追加，也可以载入。

案例 4-4 为天空添加白云

第一步：双击工作区，打开"78 雁荡山风景 .jpg"照片，如图 4.88 所示，工具箱单击"画笔工具" 🖌，在工具选项栏：①单击打开"画笔预设"选取器；②单击菜单按钮，如图 4.89 所示。

图 4.87　"画"完成效果图

图 4.88　雁荡山风景照片

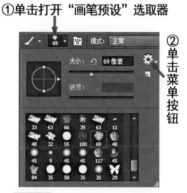

①单击打开"画笔预设"选取器

②单击菜单按钮

图 4.89　"画笔预设"选取器

第二步：在"画笔预设"选取器菜单中单击"特殊效果画笔"，如图 4.90 所示（由于菜单比较长，在此只截取了菜单的下半截），会弹出对话框，在对话框中单击"追加"，如图 4.91 所示。

图 4.90　菜单

图 4.91　对话框

第三步：在"画笔预设"选取器中单击选择"69 杜鹃花串" ✦，如图 4.92 所示，设置前景色为红色，将"画笔面板"中"形状动态"、"散布"及"颜色动态"勾都去掉，在风景照片的草地上单击画出小红花，效果如图 4.93 所示。

第四步：载入笔刷图案，在"画笔预设"选取器中单击菜单按钮，在弹出的菜单中单击"载入画笔"，如图 4.94 所示。

第五步：会弹出"载入"对话框，如图 4.95 所示，在这个对话框中要找到"附件"文件夹，双击打开，再双击打开"画笔 4 套"文件夹，找到"云雾笔刷 .abr"文件双击即可完成载入。

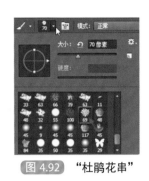

图 4.92　"杜鹃花串"

图 4.93　画出杜鹃花效果

图 4.94　菜单

第六步：在"画笔工具"的状态下，将工具箱前景色设置为白色，在工具选项栏打开"画笔预设"选取器，将滚动条拖到最下方，有 11 个新载入的云雾笔刷，单击选择"572"云笔刷，如图 4.96 所示。注意：572 是笔刷的直径，在这张照片上用这么大直径的笔刷会太大了，要将直径缩小到 200 像素，在照片天空上画出白云；要更换不同的白云笔刷，用键盘上中括号键"[　]"调整好笔刷大小，画出大小不一的白云，最终效果如图 4.97 所示。

图 4.95　画笔载入对话框

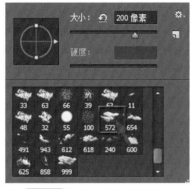

图 4.96　单击选择云雾笔刷

图 4.97　添加白云后效果

注意：① 笔刷形状不要追加或载入太多，一是占电脑内存，二是不容易找到新增加进去的"云雾"形状，所以在"追加"提示对话框中可单击"确定"用新笔刷替换掉旧的笔刷。最后还可以在"画笔预设"选取器菜单中单击"复位画笔"。

② 在画白云之前，要将"画笔"面板上左边的"形状动态"、"散布"及"颜色动态"选项的勾都去掉。

③ 画白云时最好用鼠标单击，不要按下鼠标拖，白云如果画的不合适，可在"历史记录"面板上回退，也可用"历史记录画笔工具"将白云涂抹擦掉。

④ 无论是"画笔工具"也好，还是"混合画笔工具"也好，如果某个形状（如枫叶、小草或云雾等）用完后，最好换回到圆圈形状〇的笔刷。

4.4.2　铅笔工具

"铅笔工具" ✏ 与画笔工具同在一组，常用于绘制硬边的直线或曲线，它没有柔角，该工具的使用方法与画笔工具基本相同。用鼠标单击或拖动即可绘制。铅笔工具的工具选项栏如图 4.98 所示。

图 4.98　"铅笔工具"工具选项栏

其中有一个"自动抹除"选项，当勾选该选项后，"铅笔工具"就有了擦除功能，它可以使用工具箱背景色进行绘制，覆盖绘制区域的原有颜色，下面用一个例子可以说明。

第一步：执行"文件—新建"命令（或按"Ctrl ＋ N"）新建一幅 40 厘米 ×40 厘米、分辨率默认、RGB 颜色模式，白色背景的空白画布。

第二步：设置工具箱中前景色为红色，背景色为绿色。工具箱单击点选"铅笔工具" ，在工具选项栏中，设置画笔笔刷为枫叶，直径 900，不要勾选"自动抹除"选项，在画布上单击，画一片红色的枫叶。

注意：在画之前要将"画笔面板"中左边一些"形状动态"、"散布"及"颜色动态"的勾全部去掉，否则枫叶会散乱且颜色不一。

第三步：在工具选项栏将"自动抹除" 自动抹除 勾选，笔刷直径缩小为 300，在原红枫叶中心单击，此时红叶中心被镂空为绿色的枫叶，如图 4.99 所示，这个绿色就是工具箱的背景色。

图 4.99　镂空枫叶

4.4.3　颜色替换工具

"颜色替换工具" 可以快速替换图像中的特殊颜色，在替换颜色的同时，可以保留原图像的纹理、亮度和阴影不变，它是用前景色替换。"颜色替换工具"与"画笔工具"、"铅笔工具"不同，该工具不能用于绘画，它属于图像处理工具，它默认用前景色替换，但会与底色产生一种融合。其工具选项栏如图 4.100 所示。

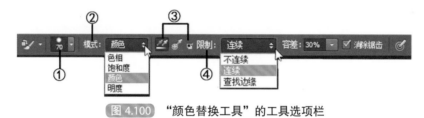

图 4.100　"颜色替换工具"的工具选项栏

① 画笔预设选取器：单击扩展按钮 ，会弹出下拉面板，如图 4.101 所示，它可设置笔刷大小、间距、硬度等参数。

② 模式：在该选项下拉列表中，共有四个选项，"色相"、"饱和度"、"颜色"和"明度"。

③ 取样：该选项包括三个选择（如图 4.102 所示）。

图 4.101　画笔预设

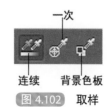

图 4.102　取样

a. 连续：会随鼠标的移动进行连续取样。

b. 一次：只在开始涂抹时进行一次性取样。

c. 背景色板：以背景色进行取样。

④ 限制：单击扩展按钮 可以选择擦除的模式，包括三种模式。

a. 不连续：可替换容差范围内所有与取样颜色相似的像素。

b. 连续：将会随着鼠标的拖动在图像中连续替换选中的区域。

c. 查找边缘：替换包含样本颜色的连接区域，保留边缘锐化。

案例 4-5　消除红眼

第一步：打开"69 消除红眼 .jpg"照片，如图 4.103 所示，该照片的眼睛上有红眼，要用黑色替换它。

第二步：在工具箱中，设置前景色为黑色，单击"颜色替换工具" ，用"[ ]"键调节好笔刷大小，在图像的红眼部位拖动鼠标涂抹。修好后，在"历史记录"面板建"快照 1"，如图 4.104 所示，单击"打开"，再单击"快照 1"，边单击边观察照片红眼部分，可比较出修复前与修复后的效果。如图 4.105 所示。

图 4.103　消除红眼　　　　图 4.104　历史记录　　　　图 4.105　修复后效果

注意：工具选项栏可设置模式为"颜色"，取样为"连续"，限制为"连续"，容差为"30％"。

4.4.4　混合器画笔工具

"混合器画笔工具" 可以通过选定不同的画笔笔尖对照片或者图像进行轻松的描绘，使其产生类似实际绘画的艺术效果，方便电脑绘画爱好者使用。其工具的位置如图 4.106 所示。为了便于讲解，我们打开"图像素材 \ 花卉 \ 鲜花 013.jpg"照片，如图 4.107 所示。

图 4.106　"混合器画笔工具"位置　　　　图 4.107　鲜花 013 照片

"混合器画笔工具"的工具选项栏如图 4.108 所示。

① 工具预设选取器：通常默认当前选用的工具。

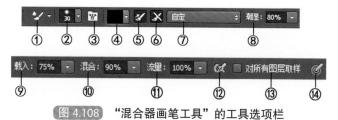

图 4.108 **"混合器画笔工具"的工具选项栏**

② 画笔预设选取器：单击扩展按钮可展开笔刷设置调板，如图 4.109 所示，假设单击选"园钝形中等硬"笔刷，此时，照片的右上方会出现一支画笔，鼠标指针（笔刷）形状也不是圆圈了，如图 4.110 所示。

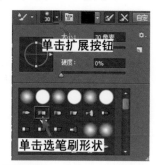

图 4.109 **"画笔预设"选取器**

图 4.110 **画笔及笔刷形状显示**

③ 切换画笔面板。

④ 当前画笔载入，单击扩展按钮，有三个选项，如图 4.111 所示，一般默认"只载入纯色"，也就是工具箱的前景色。

⑤ 每次描边后载入画笔。

⑥ 每次描边后清理画笔。

⑦ 混合画笔组合，单击其扩展按钮，拓展出混合类型列表，如图 4.112 所示，在此可以选择混合画笔的混合类型。

图 4.111 **画笔载入**

图 4.112 **混合类型**

⑧ 潮湿：设置从画布拾取的油彩量，参数越大拾取的油彩数量越多。

⑨ 载入：设置画笔上的油彩量。

⑩ 混合：设置描边的颜色混合比，当潮湿为 0 时，该选项不可用。

⑪ 流量：设置描边的流动速度。

⑫ 喷枪：单击可启用喷枪模式。

⑬ 对所有图层取样：勾选该选项，拾取油彩是针对所有图层。

⑭ 画笔压力：单击使用"压力"。

案例 4-6 制作油画

第一步：仍然是"鲜花 013.jpg"照片，到工具箱单击"混合器画笔工具" ，在工具箱设置前景色为蓝色，在工具选项栏单击展开"画笔预设"选取器，单击点选"圆钝形中等硬"笔刷，笔刷大小为 45，如图 4.113 所示。

第二步：在紫色的花瓣上画出淡蓝色的花纹，效果如图 4.114 所示。

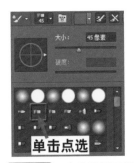

图 4.113　点选笔刷形状

图 4.114　花瓣上画出蓝色花纹

注意：① 工具选项栏设置如图 4.115 所示，"混合画笔组合"用"潮湿，浅混合"，"潮湿"、"载入"均为 50%，"混合"为 0%。

图 4.115　工具选项栏设置

② 如果工具选项栏设置改变，例如将"潮湿"设置为"干燥"，画出效果会截然不同，会把蓝色直接画到花瓣上。

③ 落笔起始点的颜色会顺着笔刷拖移而延伸，"混合"为 0 时为浅混合，为 100% 时为深混合。

第三步：将画笔笔刷改选为"圆扇形硬毛笔刷"，设置前景色为黄色，用同样的方法，将黄色的花蕊涂上油彩。设置前景色为绿色，将花旁边的仙人球植物涂出油彩效果，如图 4.116 所示。

第四步："混合画笔工具"笔刷形状也可载入，载入方法同前面第"4.4.1.4 画笔笔刷追加与载入"小节里所介绍的方法一样，载入步骤如图 4.117 所示。本案例载入了"韩国 ps 笔刷 -23.abr"和"44.abr"两组画笔笔刷，可供选择。

图 4.116　涂上油彩效果

图 4.117　画笔笔刷载入步骤

图 4.118 油画完成效果图

第五步：在工具选项栏"混合画笔组合"选项里，分别设置"干燥"、"潮湿，浅混合"，设置前景色为红色，笔刷形状选"702"，控制好笔刷的大小，在黑色区域画出红花，由于"干燥"和"潮湿"的两种设置，画出来的红花效果也不同，颜色还可改变为绿色、蓝色等，多画几朵花，效果如图 4.118 所示。选择不同的笔刷，画出的形状也会不一样。

第六步：执行"文件—存储为"命令（或按"Ctrl + Shift + S"），将作品另外起个名字，保存在自己的文件夹里。

4.5　历史记录画笔工具组

在工具箱中，在"历史记录画笔工具"上右击，出现如图 4.119 所示的两种工具，"历史记录画笔工具"及"历史记录艺术画笔工具"。

图 4.119　历史记录画笔工具组

4.5.1　历史记录画笔工具

"历史记录画笔工具"是一种绘图工具。

它与画笔工具的作用非常相似，但有其独特的作用。使用该工具可以完成恢复图像的操作，找回被丢失的像素。并且"历史记录画笔工具"要与"历史记录"面板配合使用。

"历史记录画笔工具"的工具选项栏内容与"画笔工具"基本一样，如图 4.120 所示，其操作方法也类似于"画笔工具"。

图 4.120　"历史记录画笔工具"的工具选项栏

前面我们在"鲜花 013.jpg"照片上用"混合器画笔工具"对照片进行了油彩的加工，如果我们感觉某个区域加工的不理想，可用"历史记录画笔工具"将这个区域按下左键拖移涂抹，找回原图像。

4.5.2　历史记录艺术画笔工具

"历史记录艺术画笔工具"的功能与"历史记录画笔工具"的功能非常相似，它也具有恢复图像的功能，操作方法与"历史记录画笔工具"类似。所不同的是，"历史记录画笔工具"能将局部图像恢复到指定的某一步操作，而"历史记录艺术画笔工具"却能将局部图像依照特定的风格进行绘画，产生不同的艺术效果。另外不同点是它的工具选项也与"历史记录画笔工具"不一样，它的笔刷绘制喷溅的样式有 10 种，如图 4.121 所示。在使用"历史记录艺术画笔工具"时，同样需要"历史记录"面板来配合使用。

图 4.121　"历史记录艺术画笔工具"的工具选项栏

4.6 图像恢复操作

在编辑图像的过程中，我们都要求打开"历史记录"面板，这样便于恢复操作，及时纠正误操作，下面介绍另外几种恢复操作的方法。

方法一：执行"文件—恢复"命令或按"F12"键，可恢复到图像打开状态（要在没有保存图像前，才能恢复到打开时的状态），但"历史记录"面板上记录条数未被清除，反而增加一条"恢复"记录。

注意："F12"键对新建的图像不起作用。

方法二：按"Ctrl + Z"是还原 / 重做前一步。

方法三：按"Ctrl + Alt + Z"还原两步以上的操作。

方法四：按"Ctrl + Shift + Z"重做两步以下的操作，它是"Ctrl + Alt + Z"的逆命令。

Photoshop CC 图像处理入门教程

第 5 章
修饰图像与图像色彩的调整

对于不理想的图像，Photoshop CC 提供多种修图功能及色彩调整方法，可对图像中的瑕疵和缺陷进行修复。本章主要介绍几种修复工具的使用及图像亮度、色彩调整命令的应用。

5.1 修图工具

5.1.1 橡皮擦工具组

橡皮擦工具组包括"橡皮擦工具"、"背景橡皮擦工具"和"魔术橡皮擦工具"，如图 5.1 所示。

图 5.1 橡皮擦工具组

5.1.1.1 橡皮擦工具

"橡皮擦工具" 用于擦除图像中的颜色，并在擦除的区域填充背景色。工具箱单击选中"橡皮擦工具"后，在其工具选项栏（如图 5.2 所示）中可根据需要设置或选择一些参数，再到图像中按下鼠标左键拖移进行涂抹。

图 5.2 "橡皮擦工具"的工具选项栏

"橡皮擦工具"的工具选项栏与"画笔工具"的工具选项栏内容大部分相同，在此只对不同点进行解释。

① 模式：单击开扩展按钮，有三种模式"画笔"、"铅笔"和"块"；选择"画笔"和"铅笔"模式时，橡皮擦的使用方法与画笔工具和铅笔工具一样，选择"画笔"橡皮擦擦除的边缘柔和，选择"铅笔"橡皮擦擦除的边缘会出现硬边。选择"块"模式时，橡皮擦擦除的边缘效果会呈现块状，且笔刷大小不能控制，通常采用"画笔"模式。

② 不透明度：是设置笔刷所沾颜料的浓度（在此指一次性能被擦除的干净程度）。

③ 流量：是设置擦除的速度，流量降低，擦除的效果会断断续续。

④ 抹到历史记录：勾选该选项，可以将被修改的图像恢复为原图像。此时，它的作用像"历史记录画笔工具"，一般情况下不勾选此项，若需要抹到历史记录时，按住"Alt"键擦除，即可得到恢复原图像的效果。

注意：如果擦除的图像是"背景"图层，被擦除的部分显示为工具箱中的背景色，如果被擦除的图像是在普通图层上，被擦除的图像区域显示为透明状态。

5.1.1.2　背景橡皮擦工具

"背景橡皮擦工具" ，是用来给图像去除背景，它的操作方法同"橡皮擦工具"一样，但它和"橡皮擦工具"的区别在于："背景橡皮擦工具"在擦除颜色后不会添加背景色，将擦除的内容变为透明区域，且图层的性质也被改变，原来的"背景"层变成了"图层0"，锁被解开了，因此，用此方法可制作透明图像。

图5.3是"背景橡皮擦工具"的工具选项栏。

图 5.3　"背景橡皮擦工具"的工具选项栏

① 画笔预设选取器：用于设置画笔笔刷的大小。笔刷越大，一次性擦除的图像区域也就越多；反之则越少。通常用中括号键"[　]"来控制笔刷大小。

② ：用于选择清除颜色的方式，如图5.4所示。

a. 连续：用于擦除邻近区域的不同颜色。

b. 一次：表示只擦除第一次所取样的颜色。

c. 背景色板：用于擦除包含背景颜色的区域。

③ 限制：单击其扩展按钮，可以选择擦除的模式。包括三种模式："不连续"、"连续"和"查找边缘"。

a. 不连续：可擦除容差范围内所有与取样颜色相似的像素。

b. 连续：是随着鼠标的移动在图像中连续擦除选中的区域。

c. 查找边缘：只擦除取样颜色连接区域包含的颜色，能够较好地保留和擦除位置颜色反差较大的边缘。

④ 容差：用于控制擦除颜色的区域，其数值越大，擦除的颜色范围越大，其数值越小，擦除的颜色范围就越小。

⑤ 保护前景色：勾选该选项后，若图像中的颜色与工具箱中的前景色相同，在擦除时这种颜色将受保护，不会被擦除，但清除颜色的方式要选"一次"按钮，如图5.4所示的中间按钮。

5.1.1.3　魔术橡皮擦工具

"魔术橡皮擦工具" 与"背景橡皮擦工具"用途类似，同样是用于去除背景色的工具，不同之处在于它可以擦除一定容差范围内的相邻颜色，擦除过的区域不会以背景色的颜色来取代，而是变为透明色。

图5.5是"魔术橡皮擦工具"的工具选项栏。这个选项与前面讲的"魔棒工具"的选项栏大部分相同。只是多个"不透明度"。如果在擦除的过程中降低"不透明度"，那么被擦除区域不会很干净。

图 5.5　"魔术橡皮擦工具"的工具选项栏

案例 5-1 抠图

注意：在操作前要将"图层"面板和"历史记录"面板打开。

第一步：打开"31 花斑狗 .jpg"照片，如图 5.6 所示。

第二步：在工具箱单击"橡皮擦工具" ，用键盘上"[ ]"调整笔刷大小，擦掉花斑狗的外围颜色。观察被擦除区域均变为工具箱中的背景色（此时工具箱背景色为白色），如图 5.7 所示。

| 图 5.6 花斑狗照片 | 图 5.7 橡皮擦工具擦除效果 |

我们观察"图层"面板，没有什么变化，仍然是一个"背景"图层，被锁定着（有一把锁），如图 5.8 所示。

第三步：在"历史记录"面板上回退到"打开"状态（或按"F12"），在工具箱单击"背景橡皮擦工具"，用"[ ]"调整笔刷大小，擦掉花斑狗的外围颜色。观察被擦除区域均变为透明（网格），如图 5.9 所示；再观察"图层"面板，图层的性质改变了，由原来的"背景"图层变为"图层 0"，没有锁了，如图 5.10 所示。

图 5.8 "背景"图层状态

图 5.9 背景橡皮擦工具擦除效果

注意：可以改变工具选项栏中的各项设置，再进行擦除，以观察效果。

第四步：在"历史记录"面板上回退到"打开"状态（或按 F12），在工具箱单击"魔术橡皮擦工具"，在工具选项栏设置"容差"为 40，在花斑狗的外围颜色处单击，观察被擦除区域比较大，且变为透明状态，将剩余杂色的地方单击，很快背景的杂色被清理得差不多了，还有一些细小的杂色可用"橡皮擦工具"擦除掉，效果如图 5.11 所示。

注意：① 使用"魔术橡皮擦工具"也会改变图层的性质，使"背景"层变为"图层 0"。

② 在用"橡皮擦工具"进行仔细清理性的擦除时，可用"Ctrl ＋＋"将照片放大了擦，这样能看清楚，细节的地方要适当地缩小笔刷；如果擦过头了，可按下"Alt"键擦除（找回来），按下"Alt"键相当于勾选了工具选项栏的"抹到历史记录"。

图 5.10 变为"图层 0"

图 5.11 擦除效果

第五步：拼合照片，打开"19 风景 02"照片，工具箱单击"移动工具" ▶⊕，将花斑狗拖移到风景照片中，拖放至合适位置，如图 5.12 所示。

如果花斑狗的大小不合适，可执行"编辑—自由变换"命令（或按"Ctrl + T"），进行大小的调整，但调整完后不要忘记按回车键，去掉变换框。

第六步：执行"文件—储存为"命令（或按"Ctrl + Shift + S"），给照片另外起个名称，将"保存类型"改为".JPG"，将拼合好的照片保存好。

图 5.12 照片拼合后效果

图 5.13 图章工具组

5.1.2 图章工具组

图章工具组包括"仿制图章工具"和"图案图章工具"，如图 5.13 所示。

5.1.2.1 仿制图章工具

"仿制图章工具" ⚒️可以将一幅图像的局部或部分复制到同一幅图像或另一幅图像中。

它的操作方法是：先在原图像位置按住"Alt"键，鼠标单击取样（可理解为复制），然后松开"Alt"键，再到目标处单击或拖移（可理解为粘贴），笔刷大小可由键盘上的中括号键"[ ]"来控制。若需连续复制粘贴，操作方法是先按"Alt"键单击取样，再到目标位置按下左键拖移也可，但要注意随时观察复制源的十字光标（称随机取样点）的走向，因为它的位置就是取样点。

"仿制图章工具"的工具选项栏如图 5.14 所示。

图 5.14 "仿制图章工具"的工具选项栏

这个选项栏中"画笔预设"选取器、"不透明度"、"流量"及"喷枪"在前面都有过介绍，这里不再重复。

① 模式：单击扩展按钮，拓展出模式下拉列表，这当中有 20 多种颜色的混合模式，因为混合模式我们会在后面第 6 章中作详细介绍，在这里暂不作解释，通常默认为"正常"模式即可。

② 对齐：勾选此选项 ✓对齐，表示在绘制图形时，不论中间停多长时间，再下笔复制图像时都不会间断图像的连续性。而未勾选"对齐"选项 □对齐，中途停下之后再次开始复制时，就会以再次单击的位置为中心，从最初取样点进行复制，复制内容不连续了。

案例 5-2 复制小朋友

第一步：打开"小朋友 .jpg"照片，如图 5.15 所示（注意：要打开"历史记录"面板和"图层"面板）。

第二步：在工具箱单击点选"仿制图章工具" 🖈，在工具选项栏将"对齐"复选框勾选，其他设置不变，用中括号键"[ ]"调整笔刷大小，在左边第二个小朋友身上按下"Alt"键单击取样（相当于复制），如图 5.16 所示；松开"Alt"键，鼠标移至右边空档处，按下左键慢慢拖移（相当于粘贴），如图 5.17 所示。

图 5.15 "小朋友"照片

图 5.16 取样

图 5.17 右边粘贴

注意：此时在左边第二个小朋友身上有一个十字光标（称随机取样点），一定要观察控制好这个十字光标的位置变化，不能让它跑到别的小朋友身上。

第三步：同理，可以把原照片上最右边的小男孩复制到左边来，最终效果如图 5.18 所示。

第四步：在"历史记录"面板上回退到"打开"状态（或按"F12"），在工具选项栏中不勾选"对齐" □对齐，按下"Alt"键在左边第二个小朋友身上单击取样；松开"Alt"键，鼠标移至右边空档处，按下左键拖移慢慢粘贴，此时若停顿一下，那么下一次再复制时就出现不连续复制的现象，因为，它仍然默认取样的起始点，右边复制的就不是一个完整的小人了，如图 5.19 所示。

图 5.18 "仿制图章工具"复制后效果

图 5.19 未勾选"对齐"效果

5.1.2.2 图案图章工具

"图案图章工具"  也是用于复制图像的工具，不同的是"图案图章工具"仿制的来源是图案，而不是靠按下"Alt"键单击取样，"图案图章工具"在其工具选项栏里有一个"图案"扩展按钮，单击它可打开"图案拾色器"，如图 5.20 所示。同样，在 Photoshop 中提供了许多种图案，在前面已经介绍过了怎样使用或追加图案，在图 5.20 的"图案拾色器"中显示了许多种图案，这里已追加过"图案"组了。

图 5.20　"图案图章工具"的工具选项栏

"图案图章工具"  的操作方法是：在图 5.20 所示的图案拾色器面板中，单击选择一种图案（灰白格子图案），用键盘上中括号键"[　]"调整笔刷大小，在"小朋友"照片的背景上拖移鼠标涂抹，遇到缝隙或细节地方要将笔刷缩小涂抹，最终效果如图 5.21 所示。

图案也可载入，在图案拾色器中单击菜单按钮，如图 5.20 所示，在弹出的菜单中单击"载入图案"，如图 5.22 所示，会弹出"载入"对话框，如图 5.23 所示，在这个对话框里，要找到素材里的"附赠\图案 20 套\"路径，选择"gj100613_3.pat"，双击，完成载入。

图 5.21　图案涂抹后效果

图 5.22　图案拾色器菜单

再一次打开图案拾色器面板，如图 5.24 所示，箭头所指是新追加进来的图案，单击该图案，控制好笔刷大小，注意，工具选项栏"对齐"要勾选，在照片的背景处拖移鼠标涂抹，遇到小朋友之间的缝隙处要将笔刷缩小，或按"Ctrl ＋＋"将照片放大后仔细绘制（涂抹），最终效果如图 5.25 所示。

图 5.23　"载入"对话框

图 5.24　图案拾色器面板

图 5.25　新载入图案绘制效果

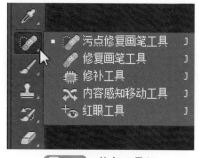

图 5.26　修复工具组

5.2　修复工具组

修复工具组主要指"污点修复画笔工具"、"修复画笔工具"、"修补工具"、"内容感知移动工具"和"红眼工具"，如图 5.26 所示。

5.2.1　污点修复画笔工具

"污点修复画笔工具" 可以快速移去图像中污点和其他不理想的部分。

"污点修复画笔工具"的工具选项栏如图 5.27 所示，在此将三个类型选项介绍一下。

① 近似匹配：选择该选项是指在拖移鼠标或单击鼠标的同时，取画笔笔刷周围的像素作为参考点来修复画笔笔刷内的内容。

图 5.27　"污点修复画笔工具"的工具选项栏

② 创建纹理：选择该选项可将拖移区域内的像素创建一个纹理来覆盖瑕疵（即在图像中选择画笔范围内的所有像素创建一个用于修复该区域的纹理）。

③ 内容识别：这个类型比前两个效果要好，它更智能化一些，它可以通过计算图像中的数据，对绘图区域（笔刷内的区域）进行填充，保留了图像中的纹理效果，以达到理想的修复效果。

操作方法是：按下鼠标左键，在污点上或附近拖移涂抹。一种是点住照片好的地方向瑕疵的地方拖移涂抹，拖到的地方会被好的地方覆盖；另一种是可以直接在瑕疵的地方按下左键拖移涂抹。它与"修复画笔工具"和"仿制图章工具"的不同点就是它不需要取样，它自动从所修饰区域的周围取样。

案例 5-3　去除多余电线

第一步：打开"59 去除多余电线 .jpg"照片，如图 5.28 所示。这张照片有两个不足，一是曝光不足，这个问题我们在后面学习调照片亮度时进行解决；另一个是人物后背靠着一根高压电线，很不美观，在这里我们学习把这根电线去除掉。

注意：要将"历史记录"面板打开，学会建"快照"，用以比较选择三种"类型"的修复效果。

第二步：在工具箱单击"污点修复画笔工具" ，工具选项栏点选"近似匹配" 近似匹配。按"Ctrl ＋＋"将照片放大，左手按下空格键，鼠标指针变成一只手形状，按下左键将照片内容向左边拖，让右边电线显示在主窗口，松开空格键。用键盘上的中括号键"[ ]"来调整笔刷大小，让笔刷比电线粗一些，在电线上按下左键拖移擦除，如图5.29所示，在拖移的过程中，鼠标形状像黑蚯蚓一样沿着电线方向走，当松开鼠标时，这段电线就消失了。

图 5.28　去除多余电线

图 5.29　沿着电线拖移擦除

这样反复操作，可以将右边电线清除干净，但本案例清除的难点在电线与人肩胛的接触部分，这个点要用"仿制图章工具"来处理。

第三步：工具箱单击"仿制图章工具" ，在肩胛没有电线的地方按下"Alt"键单击取样，再到有电线的地方松开"Alt"键单击替换，如图5.30所示，如果一次替换的效果不好，可在"历史记录"面板上回退后重新操作，将电线与人肩胛分离。

注意：取好样后，鼠标笔刷内就是取样源的图形，放到电线与肩胛接触点时，要将仿制源对好位，因为笔刷内是个小图形，对位时比较直观，对好位后，先单击一次，如果没有断开电线就再单击一次或两次，电线断开后，仿制源会随着笔刷走，要在天空部位按下"Alt"键单击取样，松开"Alt"键，将剩下的电线修复干净。

第四步：在"历史记录"面板上创建"快照1"，目的是保留住前面的修复结果。左手按下空格键，将照片的左半边拖移到主窗口，如图5.31所示，照片右边的电线背景是天空，颜色比较单一，容易修复，但照片左边电线的背景就比较复杂了，还是用"污点修复画笔工具" ，工具选项栏点选"创建纹理" ，在电线上按下鼠标左键拖移，注意：要一小段一小段地拖，将左边电线清除得差不多时，在"历史记录"面板上创建"快照2"。

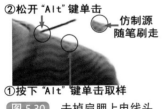

图 5.30　去掉肩胛上电线头

图 5.31　左边电线修复过程

第五步：在"历史记录"面板上单击"快照1"，回退到照片左边电线未清除状态，仍然用"污点修复画笔工具" ，工具选项栏点选"内容识别" ，操作方法一样，将照片左边的电线一小段一小段地拖移清除掉，此时我们会感觉这种清除效果更好，如图5.32所示。

在"历史记录"面板上创建"快照3"，单击"快照2"，观察一下照片，再单击"快照3"（如图5.33所示），观察一下照片，这样可以明显地对比出"创建纹理"及"内容识别"两个类型的修复效果。以后我们在使用"污点修复画笔工具"时，将工具选项栏中的"内容识别"点选，可能修复效果会更好。

图 5.32 "内容识别"修复效果

图 5.33 历史记录

5.2.2 修复画笔工具

图 5.34 工具位置

"修复画笔工具" 的作用是将图像上完好的一块具有相似纹理的区域，去覆盖图像中有瑕疵的地方，使被覆盖的图像很自然地融入到周围的图像中。即它可以把样本像素的纹理、光照、透明度和阴影与所修复的像素相融合，常用于修复图像中的瑕疵。图 5.34 所示是 "修复画笔工具" 在工具箱的位置。

操作方法和 "仿制图章工具" 一样，先按 "Alt" 键单击取样，松开 "Alt" 键，到瑕疵处涂抹（鼠标单击或拖移涂抹），此时，在取样的图像上会出现一个十字线标记，称随机取样点，表示当前操作所取样的源图像位置。

"修复画笔工具" 的工具选项栏如图 5.35 所示，其中：

图 5.35 "修复画笔工具"的工具选项栏

①"仿制源"：单击它可以打开 "仿制源" 面板，如图 5.36 所示，用于为仿制图章工具或修复画笔工具提供多个不同的样本源。

②"源"：用于设置修复画笔工具复制图像的来源。当勾选 "取样" 选项时，表示按 "Alt" 键单击图像中某一点位置来取样；若勾选 "图案" 选项时，表示使用 Photoshop CC 定义好的图案进行填充。

③"样本"：显示的是 "当前图层"，单击扩展按钮，会拓展出 "当前和下方图层" 和 "所有图层" 另外两种选择。如果选择 "当前图层"，取样、复制只对当前图层有效；如果选择 "所有图层"，那么取样、复制则对所有图层均有效。

"修复画笔工具" 与 "仿制图章工具" 的操作方法都一样，但它们得到的结果却有些不同，下面一个案例可以说明这一点。

图 5.36 仿制源面板

案例 5-4 复制罗盘

第一步：打开 "43 罗盘 .jpg" 和 "44 罗盘布景 .jpg" 两张照片，如图 5.37、图 5.38 所示。注意，这两张照片不能最大化显示，要有各自的标题栏显示，且 "43 罗盘" 照片放在工作区的左边，"44 罗盘布景" 放在工作区的右边。

图 5.37　罗盘

图 5.38　罗盘布景

第二步：工具箱单击"仿制图章工具" ，用键盘上的中括号键"[ ]"调整好笔刷的大小，工具选项栏中，笔刷"硬度"为 0，"不透明度"及"流量"均为 100%，"对齐"要勾选；到"罗盘"照片上正中心位置，按下"Alt"键单击取样，如图 5.39 所示，然后到"罗盘布景"照片上（注意：要先单击标题栏，把"罗盘布景"照片激活，作为当前要操作的照片），在中心位置开始拖动鼠标，将罗盘复制到"罗盘布景"中去。

鼠标拖动得慢一点，如果有多余的地方复制出来，可在工具箱单击"橡皮擦工具" ，左手按下"Alt"键（相当于勾选"抹到历史记录"选项），拖动鼠标擦除（找回原图像）。复制出的效果如图 5.40 所示。

第三步：复制完后在"历史记录"面板上建"快照 1"；在"历史记录"面板上单击"打开"（或按"F12"键），回退到打开状态。

第四步：工具箱单击"修复画笔工具" ，用同样的方法将"罗盘"复制到"罗盘布景"中去，效果如图 5.41 所示；在"历史记录"面板上建"快照 2"观察其效果，很明显，前者的罗盘仍是金黄色的，而后者将罗盘完全融入到蓝色的布景色中去了（注意，工具选项栏"对齐" 对齐 要勾选）。

图 5.39　取样

图 5.40　"仿制图章工具"
应用效果

图 5.41　"修复画笔工具"
应用效果

案例 5-5　修去脸上雀斑

第一步：打开"62 雀斑 .jpg"照片，如图 5.42 所示，打开"历史记录"面板。

第二步：按"Ctrl ＋＋"将脸部放大，工具箱单击"污点修复画笔工具" ，在工具选项栏笔刷设置为柔角（即"硬度"为0%）点选  内容识别，用"[ ]"调整好笔刷大小，在雀斑上按下左键拖移，如此反复操作；修干净后在"历史记录"面板上单击 创建"快照1"。

注意：雀斑最好要一个一个的修，不能一拖一大片，否则会留下修复痕迹的。

第三步：按"F12"键，退到打开状态，用"仿制图章工具" ，工具选项栏设置如图5.43所示，"不透明度"和"流量"都要降低。左手按下"Alt"键，在雀斑附近好的地方单击（取样），松开"Alt"键，到雀斑上单击或轻轻拖移（覆盖）；修干净后在"历史记录"面板上单击 创建"快照2"。

图 5.42　雀斑照片

图 5.43　"仿制图章工具"的工具选项栏设置

第四步：按"F12"键，退到打开状态，用"修复画笔工具" ，工具选项栏设置如图5.44所示。先在好的地方按"Alt"键单击取样，然后可连续拖移鼠标（或单击）去覆盖有雀斑的地方；修干净后在"历史记录"面板上单击 创建"快照3"。

图 5.44　"修复画笔工具"的工具选项栏设置

在"历史记录"面板上，分别单击"快照1"、"快照2"和"快照3"，观察用三种修复工具去除雀斑的效果。

注意：① 在用修图工具修皱或去斑时，经常要用"Ctrl＋＋"将照片放大，进行局部修，修的过程中，常常要左手按住空格键，用鼠标拖移图像局部浏览；修完后，要按"Ctrl＋0"将图像满画布显示（"视图—按屏幕大小缩放"）。

② 修斑时取样要在斑痕的附近好的地方取，不能离得太远。

③ 在使用"仿制图章工具"修脸上斑点时，要注意工具选项栏中的"不透明度"和"流量"设置，要适当降低不透明度或流量，这样修出来的效果不易留下修过的痕迹。

④ 要控制好笔刷的大小，用键盘上的中括号键"[ ]"来调整笔刷大小。笔刷选"柔角"（即"硬度"为0）。

⑤ 在修照片时一定要把"历史记录"面板打开，一是可回退操作记录，纠正误操作；二是修到一定程度要建立快照，保存前面修好的部分结果，因为"历史记录"面板只能保留一定的操作步骤，多了会溢出；三是可对比修复前与修复后的效果。

5.2.3　修补工具

"修补工具" 可以对选区中的像素用其他选区的像素或图案进行修补，它的功能类似于"修复画笔工具"，会将样本像素的纹理、光照和阴影与源图像的像素进行匹配。这个工具相对于前面两种工具应用起来更方便，修复的效果也比较好。

操作方法是：用鼠标拖移的方法将瑕疵处圈一个选区（点住左键拖移至首尾闭合时松开，形成选区），再用左键点住选区往好的地方拖拽，然后松手，如此反复操作。用修补工具不会破坏原图像的色彩、色调和纹理，很适合修脸部，但只能在附近取样操作，远了效果较差。

"修补工具"的工具选项栏如图 5.45 所示。

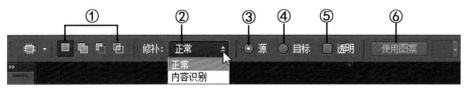

图 5.45　"修补工具"的工具选项栏

① 选区范围设置选项：如图 5.46 所示，要保持在"新选区"被激活状态。

② 修补：有两个选项，"正常"和"内容识别"，如果选择了"内容识别"，选项栏的设置选项会变成图 5.47 所示内容，"源"和"目标"及"透明"等都没有了。

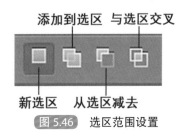

图 5.46　选区范围设置

图 5.47　内容识别选项

③ 源：在图像中定义修补的范围，然后将其拖拽至近似的图像区域进行修补。

④ 目标：在图像中定位修补的区域到其他区域时，可将原选区内的图像拖拽至当前选区，这是"源"的逆向操作。

⑤ 透明：一般不勾选此项，若勾选此选项，可使当前修补的图像和原图像产生透明叠加的状态。

⑥ 使用图案：在图像中定位修补的范围选择选区后，若单击"使用图案"，则会激活右边的图案拾色器，拾色器内的图案会填充到所选的选区，通常在修照片时不采用图案。

案例 5-6　去皱纹

第一步：打开"61 去皱纹 .jpg"照片，如图 5.48 所示。

第二步：按"Ctrl ＋＋"将脸部放大，按下空格键＋鼠标拖移局部浏览，移至眼睛周围，工具箱单击"修补工具" ，将脸上有皱纹的地方圈为选区，如图 5.49 所示，用左键点住选区往皮肤好的地方拖移，如图 5.50 所示，这样好的地方就会替换掉有皱纹的地方，如此反复操作，也可以把脸上的色斑修掉，直到修完为止，按"Ctrl ＋ 0"，满画布显示（按屏幕大小缩放）。

图 5.48　"去皱纹"照片

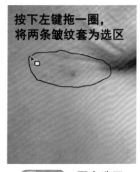

图 5.49　圈套选区

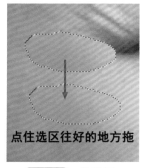

图 5.50　拖选区

第三步：修完后，但选区还在，这会影响我们对照片进行其他的编辑操作，要将选区取消掉。方法一，在照片其他地方单击一下；方法二，执行"选择—取消选择"命令；方法三，按"Ctrl + D"，总之，要将选区取消掉。

注意：① 局部修复时，要将照片放大，取样时不要一次取的面积太大，要耐心地一点一点取样，取一点修一点，这样修复的效果会比较好。

② 在工具选项栏，不能将"目标"单击点选 ⊙ 目标 ，否则要进行逆向操作，即将好的地方拖移圈围一个选区，将选区往瑕疵的地方拖，这种操作不太符合逻辑。

③ 工具选项栏中的"透明"选项不要勾选 ☐ 透明 ，"使用图案"不要用。

这个案例也可以用"污点修复画笔工具"和"修复画笔工具"来去皱纹，读者可以分别试一下，在"历史记录"面板上建快照，以比较出用三种不同的工具去皱纹的效果，哪一种比较好。

"修补工具"工具选项栏中"修补"选用"正常"时，可去皱纹，如果改为"内容识别"则修补作用改变为移除，下面一个案例就是讲解"内容识别"的。

💡 案例 5-7　移除照片上多余物体

第一步：打开"89 移除多余物体 .jpg"照片，如图 5.51 所示，这张照片地上的雨伞及右边半个人是多余的，如图 5.52 所示，要将它们从照片上移除。

图 5.51　移除多余物体

图 5.52　要移除的多余物

第二步：工具箱单击"修补工具" ▓ ，工具选项栏设置"修补"为"内容识别"，"适应"为"非常严格" 修补：内容识别 ÷ 适应：非常严格 ÷ ，将雨伞的局部套为选区，如图 5.53 所示，将选区向下方拖，拖到砖地面，如图 5.54 所示，松开手后，原选区部分已被砖地面取代。

注意：① 在拖的过程中，取样源里样会随着鼠标拖移而变成替代源，尽量将替代源对齐。

② 用"修补工具"将雨伞分成块来修实在太慢了，这里可将雨伞整个套出选区，用"编辑—填充"命令，在"使用"选项下拉列表中，用"内容识别"，可一次性把雨伞去掉。重新做"第二步"。

第三步：在"历史记录"面板上单击"打开"，工具箱单击"多边形套索工具" ⚡ ，沿着雨伞单击，直到首尾闭合，将雨伞套为选区，如图 5.55 所示。

图 5.53 套雨伞局部为选区

图 5.54 将选区向下方拖

第四步：执行"编辑—填充"命令，在弹出的"填充"对话框中，单击"使用"右边的扩展按钮，在展开的下拉列表中单击"内容识别"选项，如图 5.56 所示，单击"确定"，此时雨伞已被地面取代，按"Ctrl + D"将选区取消掉。雨伞是被替代掉了，但是路边石阶出现残缺，如图 5.57 所示。

图 5.55 将雨伞套为选区

图 5.56 "填充"对话框

第五步：在工具箱单击"多边形套索工具" ，将石阶局部套出选区，在工具箱单击"移动工具" ，左手按下"Alt"键，将选区向斜前方拖移，如图 5.58 所示，复制出一块石阶来，注意拖移的位置一定要合适，按"Ctrl + D"将选区取消掉，效果如图 5.59 所示。

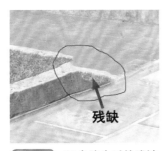

图 5.57 雨伞消失后的残缺

图 5.58 拖移复制图示 1

第六步：在工具箱单击"多边形套索工具" ，将窄条石阶局部套出选区，在工具箱单击"移动工具" ，左手按下"Alt"键，将选区向斜前方拖移，如图 5.60 所示，复制出窄条石阶来，注意拖移的位置一定要合适，按"Ctrl + D"将选区取消掉，效果如图 5.61 所示。

第七步：将照片右边半个人移除，继续用"多边形套索工具" ，将半个人套出选区，如图 5.62 所示，执行"编辑—填充"命令，在弹出的"填充"对话框中使用"内容识别"，单击"确定"，如果选区套的好，基本上一次搞定。最终效果如图 5.63 所示。

图 5.59　台阶复制效果

图 5.60　拖移复制图示 2

图 5.61　雨伞去掉后效果

图 5.62　将半个人套出选区

　　套好选区后也可以用"修补工具"　，工具选项栏设置"修补"为"内容识别"，"适应"为"严格" 修补： 内容识别 ◆ 　 适应： 严格 ◆ ；将选区向草坪方向拖，如图 5.64 所示，注意，源里位置与目标位置要对齐（以石阶为对齐参照点）。

图 5.63　多余物全部去掉效果

图 5.64　背影选区向草坪拖

5.2.4　内容感知移动工具

　　"内容感知移动工具"　，如图 5.65 所示，它可以修补选区内的图像或将选区内的图

像复制到另一区域，并与原图像融合，一般常用于快速移动照片中的局部或复制局部图像。

操作方法与"修补工具"相似，都是绘制选区后移动选区内的图像；不同的是该工具能够将选区内的图像移动或复制到另一位置，并能自动和原图像融合。

"内容感知移动工具"的工具选项栏如图 5.66 所示。

图 5.65　**工具位置**

图 5.66　**"内容感知移动工具"的工具选项栏**

案例 5-8　人物移位或复制

第一步：打开"10 和谐 .jpg"照片，如图 5.67 所示，我们要将小男孩复制出两个或三个，可用"内容感知移动工具"来实现。

第二步：工具箱单击"内容感知移动工具" ⚒，将小男孩套出一个选区，如图 5.68 所示。

图 5.67　**和谐照片**

图 5.68　**将小男孩套出选区**

注意：套选区时，要将选区套的适当大一些，将地上的影子也要套进去。

第三步：在工具选项栏设置：模式为"扩展"，适应为"中"，鼠标放在选区内，向左前方拖，在拖的过程中要注意选区内的内容要对齐，例如，河的边沿要对齐，河对岸的草丛也要尽量对齐，拖到位后松手，复制完成，效果如图 5.69 所示，操作结束后，不要忘记将选区取消掉（按"Ctrl ＋ D"）。

第四步：如果不复制，只是将小男孩移动改变一个位置，可在"历史记录"面板上回退到"打开"（或按"F12"键），仍然是用"内容感知移动工具"，将工具选项栏中的模式改为"移动" ，先将小男孩套为选区，将套好的选区向左前方拖，如图 5.70 所示，松开鼠标后，小男孩被移到照片的左边了，如图 5.71 所示，按"Ctrl ＋ D"将选区取消掉。

"内容感知移动工具"的工具选项栏"模式"与"适应"选项如图 5.72 所示。

① 模式：选"移动"，相当于将局部图像移到另一个地方，而原来的地方则从其他地方寻找到相似的图像将它填充起来。

图 5.69　复制后成为两个人

图 5.70　向左前方拖移

图 5.71　小男孩移位后的效果

图 5.72　工具选项栏"模式"与"适应"

选"扩展"，相当于复制，将局部图像复制到另外一个地方，并且和周围的图像相融合。

② 适应：选"非常严格"，要求内容移过去或复制过去要完全一样，但融合性很差，边缘的过渡很生硬。

选"非常松散"，移开的位置软件会自动去帮它分析运算，通过内容感知的方式，把这里面进行填充，这个填充与周围的图像融合性较好，边缘的过渡比较柔和自然。但选区边缘内容会被丢失一部分，有点像羽化值过大了一样，选区边缘虚化，边缘内容显示缺失。

如果照片容量比较大，分析运算会比较慢，也有时会出现提示，"不能完成'内容感知移动选区'命令，因为没有足够的内存（RAM）"，如图 5.73 所示，此时只能单击"确定"，说明电脑的内存还不够大，Photoshop CC 要求电脑最好有4GB 以上的内存，才不容易被卡住。

图 5.73　内存不够提示

5.2.5　红眼工具

在夜晚的灯光下或使用闪光灯拍摄人物或动物时，通常容易出现眼球变红的现象，Photoshop 设置了修红眼工具，它能够很好地处理图像中的特殊颜色。操作方法是：在工具箱中单击"红眼工具" ，然后单击图像中红眼部位即可，如果感觉效果不太满意，可在工具选项栏中调整"瞳孔大小"和"变暗量"来改变效果。

图 5.74 是"红眼工具"在工具箱的位置。图 5.75 是工具选项栏内容，这里面的内容比较简单，只有"瞳孔大小"和"变暗量"，它们都有文本框，设置时可直接输入数据，也可以单击扩展按钮，拖移滑块。

图 5.74　工具位置

可拖移滑块调节

图 5.75　"红眼工具"的工具选项栏

💡 **案例 5-9**　消除红眼

第一步：打开"69 消除红眼 .jpg"照片，如图 5.76 所示。

第二步：工具箱单击"红眼工具"，在工具选项栏中有两个参数要设置，"瞳孔大小"和"变暗量"（如图 5.75 所示），"瞳孔大小"要看眼睛的大小（红眼的范围大小），"变暗量"要看将红眼区域变黑色的浓度大小，针对这张照片设置：

① 右眼："瞳孔大小"为 30%，"变暗量"为 30%。

② 左眼："瞳孔大小"为 50%，"变暗量"为 50%。

单击了红眼工具后，鼠标指针形状是一只眼睛带加号的形状，单击红眼区域，如果单击一次不理想，可多单击两次，即可消除红眼，图 5.77 是消除红眼后的效果。

图 5.76　消除红眼照片

图 5.77　消除红眼后效果

注意："瞳孔大小"和"变暗量"这两个参数不是固定不变的，要视照片红眼大小和程度而定，自己可以调试，可在"历史记录"面板上对比效果。

5.2.6　模糊工具组

模糊工具组里包括 3 个工具，如图 5.78 所示，分别是"模糊工具"、"锐化工具"和"涂抹工具"。

5.2.6.1　模糊工具

"模糊工具"主要用于对图像进行柔化处理，它的操作方法是：工具箱单击"模糊工具"，在照片上需要柔化处理的地方拖移鼠标涂抹，笔刷大小用"[　]"控制，越涂抹，图像越模糊。

图 5.78　模糊工具组

图 5.79 是"模糊工具"的工具选项栏，"强度"百分比越大，被涂抹的区域模糊效果越明显。

图 5.79　"模糊工具"的工具选项

5.2.6.2　锐化工具

"锐化工具"的作用与"模糊工具"刚好相反，它是通过加大像素间反差的方法，使模糊的图像变得清晰。它的操作方法同"模糊工具"相似，也是靠鼠标拖移涂抹。它的工具选项栏也同"模糊工具"一样。

在使用"模糊工具"时，按下"Alt"键会变成"锐化工具"；反之也一样，使用"锐化工具"时，按下"Alt"键也会变成"模糊工具"。

5.2.6.3 涂抹工具

"涂抹工具" ![图标] 可以使图像边缘渐变柔和、延伸，像颜料未干，用手指涂抹的效果。

下面举例应用这三种工具来处理图像。

第一步：打开"29 红掌花 .jpg"照片，如图 5.80 所示。

第二步：用"模糊工具" ![图标]，在工具选项栏设置笔刷为尖角，"模式"为正常，"强度"为 100%，在右边一个花瓣上按下左键拖移涂抹，模糊效果如图 5.81 所示。

第三步：用"锐化工具" ![图标]，在工具选项栏设置笔刷为尖角，"模式"为正常，"强度"为 100%，在上面一个花瓣上进行涂抹，此时，我们看到图像上被涂抹的区域像素均被锐化分离，如图 5.81 所示，这个工具并不是很好的修图工具。

第四步：用"涂抹工具" ![图标]，在工具选项栏设置笔刷为柔角，"模式"为正常，"强度"为 50%，沿着下面一片花瓣边缘拖移鼠标，将花瓣延伸拉长，如图 5.81 所示，这个工具比较适合画画用。

图 5.80　红掌花照片

图 5.81　分别处理后效果

5.2.7　减淡工具组

减淡工具组里包括三种处理图像的工具，如图 5.82 所示，分别是"减淡工具"、"加深工具"和"海绵工具"。使用它们可以改变图像特定区域的曝光度，也就是可以对图像的明暗进行调整。

图 5.82　减淡工具组

5.2.7.1　减淡工具

"减淡工具" ![图标] 可以对图像提高亮度，多用于曝光不足的图像或区域，起局部像素加亮的作用。它的操作方法是：工具箱单击点选"减淡工具" ![图标]，在图像上需要加亮处理的地方拖移鼠标涂抹，笔刷大小用"[ ]"控制，加亮的程度由工具选项栏的设置来决定。

图 5.83 所示是"减淡工具"的工具选项栏。选择"阴影"，可修改图像中的暗调区域；选择"中间调"可修改图像中的中间调区域；选择"高光"可修改图像中的亮部色调区域。"曝光度"是影响减淡的速度，值越大，减淡越快，反之则越慢。"保护色调"默认是勾选着的，它是防止图像在加深（或减淡）的过程中发生一个色相的偏移（即保护颜色）。

图 5.83　"减淡工具"的工具选项栏

5.2.7.2 加深工具

"加深工具"  可以对图像降低亮度,并加深图像的局部色调,多用于曝光过度的图像或区域,它的操作方法与"减淡工具"相似,但作用相反。

图 5.84 所示是"加深工具"的工具选项栏。选择"阴影",可修改图像中的亮色调区域;选择"中间调"可修改图像中的中间调区域;选择"高光"可修改图像中的暗色调区域。"曝光度"是影响加深速度,值越大,加深越快,反之则越慢。

图 5.84　"加深工具"的工具选项栏

5.2.7.3 海绵工具

"海绵工具"  用于更改图像中某个区域的色彩和饱和度,它可以对图像进行去色或加色处理,"流量"指"海绵工具"作用的速度,其工具选项栏如图 5.85 所示。

图 5.85　"海绵工具"的工具选项栏

自然饱和度:从灰色调到饱和色调的调整,用于提升饱和度不够的图像。

🖈 **案例 5-10**　用减淡工具组修整照片的曝光度

第一步:打开"59 去除多余电线 .jpg"照片,如图 5.86 所示,这张照片下半截大部分是阴影区,上半截大部分是高光区,其余部分为中间调区域,如图 5.87 所示。

图 5.86　去除多余电线照片

图 5.87　高光区及阴影区分布

图 5.88　曝光过度

第二步:先用"减淡工具" 🔍,工具选项栏将"范围"选"阴影","曝光度"为"50%",笔刷为柔角,大小控制在 200 左右,在照片的阴影区拖移涂抹,可将原来的阴影区域局部加亮。

第三步:将工具选项栏"范围"选"中间调",其余设置不变,在照片的中间调区域拖移涂抹,可将中间调区域局部加亮。

第四步:在工具选项栏将"范围"选"高光","曝光度"为"20%",其余设置不变,在照片的天空处拖移涂抹,被涂抹过的区域会明显变亮。

第五步:打开"55 曝光过度 (1).jpg"照片,如图 5.88 所示,这张照片总体太亮了，色调分布基本上都是中间调。

第六步：用"加深工具" ，工具选项栏设置：笔刷用柔角，"范围"选"中间调"，"曝光度"设置为50%，用"[ ]"调整笔刷大小，在照片上拖移涂抹，被涂抹过的区域明显被加深。

注意：在用"模糊工具"组和"减淡工具"组处理照片时，都会改变原照的像素，会使原照受损。

图 5.89　鲜花 013 照片

案例 5-11　利用海绵工具对花儿进行特效处理

第一步：打开"图像素材＼花卉＼鲜花 013.jpg"照片，如图 5.89 所示。

第二步：工具箱单击"海绵工具"，工具选项栏设置如图 5.90 所示，笔刷采用柔角，用键盘上"[ ]"调整好笔刷大小，先在花心上按下鼠标左键拖移涂抹，效果如图 5.92 所示，花心的颜色比原来要鲜艳了许多，同样也可以在花瓣上涂抹。

图 5.90　加色时工具选项栏的设置

图 5.91　去色时工具选项栏的设置

第三步：在"历史记录"面板上单击"创建新快照" 按钮，建"快照 1"；按"F12"键，回退到照片打开状态，继续用"海绵工具" ，工具选项栏设置如图 5.91 所示，在花心和花瓣上按下左键拖移涂抹，效果如图 5.93 所示。

图 5.92　加色后效果

图 5.93　去色后效果

5.3　图像亮度及色彩的调整

调整图像亮度及色彩是进行图像处理时很重要的一项操作，通过 Photoshop 中的亮度及色彩调整功能，不仅能校正图像中由于各种因素而产生的色调灰暗或饱和度不足等问题，而且还能根据图像处理的需要，对图像中的整体或局部的色彩进行有效的调整，使图像达到预期的颜色效果。

图像色彩的调整主要用于调整图像的明暗度、对比度、饱和度、色相以及去除图像的颜色和替换颜色等。通过这些功能可以创作出色彩丰富的图像效果。

5.3.1　名词解释

① 亮度：亮度是各种图像色彩模式下图形原色的明暗度，所谓原色，是指图像中的三原色：红（R）、绿（G）、蓝（B）。亮度的调整就是明暗的调整。

② 对比度：对比度是指图像中不同颜色之间的差异，通常使用从黑色到白色的百分比来表示，对比度越大，两种颜色之间的差值越大。

③ 色相：色相是色彩的首要特征（就是颜色的相貌），是区别各种不同色彩的最准确的标准。对黑色或白色，改变色相或饱和度都没有效果；色相调整就是在各种颜色之间进行变化。

④ 饱和度：指颜色的鲜艳程度，十分鲜艳的红色与暗红色的饱和度是不一样的，前者饱和度高，饱和度越高颜色就越鲜艳。

⑤ 色阶：色阶是指各种图像色彩模式下和图形原色的明暗程度。

⑥ 色调：色调是指色彩外观的基本倾向。在色相、饱和度和明度三个要素中，某种因素起主导作用，可以将这种因素称之为色调。对色调的调整就是在图像颜色中不同色相、饱和度或明度之间进行调整。

⑦ 色域：是指颜色系统可以表达的颜色范围。

5.3.2　图像亮度调整命令

亮度调整命令主要用于调整过亮或过暗的图像。它主要影响图像的亮度和对比度，对色彩影响效果不明显。在拍照的过程中，由于外界因素的影响，常常会有拍摄效果不理想的照片，例如曝光过度、曝光不足、图像缺乏中间调或图像发灰等。这就需要应用图像的明暗调整命令对图像进行处理，使其达到满意的效果。

图像的亮度调整命令是用"图像—调整—……"菜单命令来得以实现。

5.3.2.1　色阶

"色阶"命令是通过调整图像的明暗度来加强图像的反差效果，执行"图像—调整—色阶"命令（或按"Ctrl ＋ L"），在弹出的"色阶"对话框中可以进行输入色阶、输出色阶、通道等设置。

案例 5-12　用色阶调照片

第一步：打开"59 去除多余电线 .jpg"照片，如图 5.94 所示（注意，要将"历史记录"面板打开，便于比较调整前后的效果）。

第二步：执行"图像—调整—色阶"命令（或按"Ctrl ＋ L"），弹出"色阶"对话框，如图 5.95 所示。

第三步：在"色阶"对话框中，将右边的高光滑块向左拖移，使右边的文本框数值为223；将中间的中间调滑块向左拖移，使中间的文本框数值为 1.4；将左边的阴影滑块向右拖移，使左边的文本框数值为 8；单击"确定"。

图 5.94　去除多余电线照片

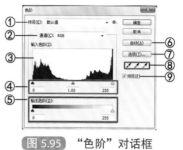

图 5.95　"色阶"对话框

注意：这几个参数不是固定不变的，要一边拖移滑块，一边要观察照片的变化，将照片明暗度调到合适为止。调整结束后要在"历史记录"面板上单击"创建新快照"  按钮，建一个"快照1"，单击一下"打开"，再单击一下"快照1"，以比较调整前后的效果，很明显，这张照片通过色阶命令调整，亮度得到了改善。

"色阶"对话框注解见表 5.1。

表 5.1　"色阶"对话框注解（如图 5.95 所示）

序号	名称	说明
①	预设	在"预设"下拉列表中有几个调整选项，只要一拖动滑块会变成"自定"
②	通道	在"通道"下拉列表中，可以选择需要调整的颜色通道
③	直方图	表示图像每个亮度级别的像素数量，展示像素在图像中的分布情况
④	输入色阶	在这里有 3 个小三角滑块，每个滑块都对应一个文本框。最左边的滑块▲为阴影滑块，拖移它可调整图像的暗部色调；中间的滑块▲为中间调滑块，拖移它可调整图像的中间色调；右边的滑块△为高光滑块，拖移它可调整图像的亮部色调。阴影、高光滑块对应的数值调节范围是 0～255 之间，中间调滑块数值调节范围是 0.10～9.99 之间
⑤	输出色阶	当输入色阶调整完以后，对最后结果总体的亮度限制
⑥	自动	单击"自动"按钮可以自动调整图像的对比度及明暗度
⑦	选项	单击"选项"按钮，可以打开"自动颜色校正选项"对话框，在该对话框中可以完成自动调整图像的整体色调范围的设置
⑧	取样	"取样"实际是三根吸管 ✐ ✐ ✐，从左至右： "设置黑场"：用该吸管在图像中单击，可将该点定义为图像中最暗的区域，即黑色，从而使图像中的阴影重新分布，大多数情况下，可以使图像更暗 "设置灰场"：用该吸管在图像中单击，可将该点颜色定义为图像中的偏色，从而使图像的色调重新分布，可以用作处理图像的偏色 "设置白场"：它与黑场相反，所有像素亮度值加上吸管单击处的像素的亮度值，可以使图像更亮
⑨	预览	勾选"预览"选项，将会在图像窗口中显示色调调整时的预览图像，这样边调整边看效果，如果不勾选该选项则无法边看边调整

5.3.2.2　亮度／对比度

"亮度／对比度"命令是用来调整图像的亮度和对比度的，此命令可以简单地对图像亮度和对比度进行粗略调整，不像"色阶"和"曲线"命令那样可以对图像的细节部分进行调整。该命令不适合对高精度的图像进行色调的调整，但对于缺乏对比度的图像会非常有效。

仍然是"59 去除多余电线 .jpg"照片，在"历史记录"面板上单击"打开"（或按"F12"键），回退到照片打开状态，执行"图像—调整—亮度／对比度"命令，弹出"亮度／对比度"对话框，如图 5.96 所示。

图 5.96　"亮度／对比度"对话框

在"亮度／对比度"对话框中，将"亮度"滑块向右拖移，使图像变亮，若将滑块向左拖移，图像会变暗；将"对比度"滑块向右拖移，使图像对比度增强，将滑块向左拖移，使图像对比度减弱。边移滑块，边观察照片调节效果，合适后单击"确定"，本案例亮度为30，对比度为 -12。

在"历史记录"面板上单击"创建新快照" 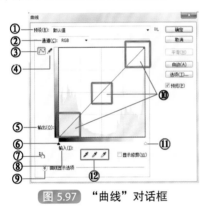 按钮，建一个"快照 2"。

5.3.2.3 曲线

"曲线"命令是用来调整图像的整个色调范围。此命令和"色阶"命令相似，它比"色阶"命令更精确，它可以综合调整图像的亮度、对比度和色彩等。

案例 5-13 用曲线调曝光度

第一步：仍然是"59 去除多余电线 .jpg"照片，在"历史记录"面板上单击"打开"（或按"F12"键）。

第二步：执行"图像—调整—曲线"命令（或按"Ctrl ＋ M"），弹出"曲线"对话框，如图 5.97 所示。

第三步：一开始"曲线"为 45 度的对角线，用鼠标点住对角线的中心向斜上方拖移（如图 5.98 所示），使照片变亮；点住对角线的中心向斜下方拖移（如图 5.99 所示），使照片变暗。本案例应该是向斜上方拖移。

图 5.97　"曲线"对话框

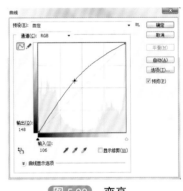

图 5.98　变亮

其实"曲线"命令可对照片进行精细调整，如图 5.100 所示，一般是先调中间调的点，点住对角线的中心点向斜上方拖，边拖移边观察照片的亮度变化，认为合适即可，整张照片会被加亮，但天空部分会过亮，可将高光点向下拖一点，再将阴影点向右拖一点，观察照片的亮度变化，达到满意就单击"确定"。

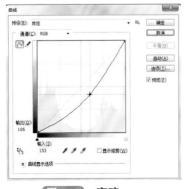

图 5.99　变暗

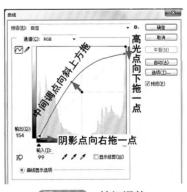

图 5.100　精细调整

第四步：在"历史记录"面板上单击"创建新快照"按钮，建"快照3"，如图5.101所示，分别单击"快照1"、"快照2"、"快照3"，比较以下三种命令调整后的效果，显然是"曲线"命令调整出的效果比较好，它有层次感。

表5.2是"曲线"命令对话框的详细注解。

表 5.2 "曲线"对话框注解（如图 5.97 所示）

序号	名称	说明
①	预设	单击"预设"扩展按钮，有12项Photoshop预先设置好的内容，对当前照片进行曲线设置。在此我们选"自定"
②	通道	单击"通道"扩展按钮，有RGB、红、绿、蓝通道，若选择"红"，表示对红通道进行明暗的调整
③	曲线	在默认情况下，"曲线"按钮为选中状态，这时可以根据需要在曲线上移动、添加控制点
④	铅笔	单击"铅笔"按钮，可以在表格中徒手绘制出各种曲线
⑤	输出	指输出色阶，只要一动曲线，它下方就会出现数值
⑥	黑场滑块	拖动该滑块，会使照片阴影区更暗
⑦	手动调整按钮	在图像上单击或拖动可修改曲线，适合局部明暗的调整
⑧	输入	指输入色阶，只要一动曲线，它下方就会出现数值
⑨	曲线显示选项	单击小折叠图标，可拓展开曲线对话框其它设置内容
⑩	高光、中间调、阴影	曲线对话框对角线可分三个区域，右上方为高光区，中间为中间调区，左下方为阴影区
⑪	白场滑块	拖动该滑块，会使照片高光区更亮
⑫	取样	在"色阶"命令中有介绍，在此不再重复

注意：① 如果感觉曲线设置的不合适，无需退出"曲线"对话框，左手按下Alt键让"取消"按钮会变成"复位"，如图5.102所示，鼠标单击"复位"（左手不要松开）。这种方法适合于任何有"确定"、"取消"的调整或设置对话框。

② 对话框与照片要错开位显示，边调整曲线，边观察照片，认为合适后单击"确定"，然后在"历史记录"面板上对比调整前和调整后的效果。

③ "平滑"按钮，只有在用铅笔绘制曲线时才会被激活，如图5.103所示，因为徒手画，曲线显得很不光滑，此时可单击"平滑"按钮，单击一下平滑一些，再单击一下更平滑一些。

图 5.101 "历史记录"面板

图 5.102 取消变复位

图 5.103 平滑激活

第五步：学习用手动调整按钮对照片进行局部调整，执行"图像—调整—曲线"命令（或按"Ctrl + M"），弹出"曲线"对话框，将对角线中间调部分向斜上方拖一点，让照片整体加亮；但照片局部区域还不太理想，如天空部分（高光区）过亮了，左下方阴影区又不够亮，我们要单击手动调整 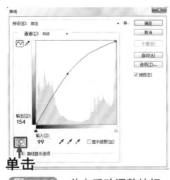 按钮，如图 5.104 所示，鼠标移到照片上，笔刷形状像吸管（按下左键拖时笔刷形状变成手 ），在天空部位，按下左键向下拖一点点，让它变暗一些，再到左下方，按下左键向上拖一点点，让它变亮一些，如图 5.105 所示。感觉效果满意可单击"确定"。在"历史记录"面板上单击"创建新快照" 按钮，建一个"快照 4"。

图 5.104　单击手动调整按钮

图 5.105　照片上需要局部调整的位置

图 5.106　历史记录面板

第六步：在"历史记录"面板上有"快照 1"、"快照 2"和"快照 3"，它们分别是用"色阶"命令、"亮度 / 对比度"命令和"曲线"命令对同一张照片进行了明暗的调整，如图 5.106 所示，前面我们已经比较过了，是"曲线"命令调整出的照片效果较好，它色泽自然，且层次感比较强。现在再分别单击"快照 3"和"快照 4"，观察照片调整后的效果，"快照 4"是在照片的局部进行适当的拖移调整后的效果。

案例 5-14　曲线命令练习

第一步：打开"53 曝光不足 (1).jpg"照片和"55 曝光过度 (1).jpg"照片，如图 5.107 和图 5.108 所示。

图 5.107　曝光不足 (1) 照片

图 5.108　曝光过度 (1) 照片

第二步：先调"曝光不足 (1)"照片，执行"图像—调整—曲线"命令（或按"Ctrl ＋ M"），弹出"曲线"对话框，在曲线图上，①在中间调位置（正中心的点）点住对角线向斜上方拖，将照片整体加亮，②单击自动调节按钮 ，如图 5.109 所示；对照片进行局部调整，在照片过亮的区域（高光区）向下拖一点，太暗区域（阴影区）向上拖一点，如图 5.110

所示，边拖边观察照片，感觉合适了就单击"确定"。在"历史记录"面板上建"快照1"。

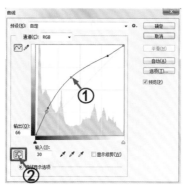

图 5.109　曲线调整图

图 5.110　局部手动调整

第三步：调"曝光过度(1)"照片，执行"图像—调整—曲线"命令（或按"Ctrl + M"），打开"曲线"对话框，将对角线中间点向斜下方拖，如图5.111所示。

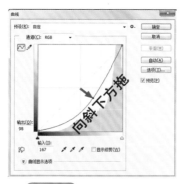

图 5.111　曲线调整图

图 5.112　调整后效果

因这张照片曝光还比较均匀，调整后基本上都是中间色调的，因此无需再用手动局部调整，单击"确定"即可，在"历史记录"面板上创建"快照1"，可以在"历史记录"面板比较一下调整前与调整后的效果，调整后效果如图5.112所示。

案例 5-15　照片局部亮度的调整

第一步：打开"54 曝光不足(2).jpg"照片，如图5.113所示，执行"图像—调整—曲线"命令（或按"Ctrl + M"），弹出"曲线"对话框，在曲线图上调整的几个位置如图5.114所示，边调整边观察照片，感觉合适了就单击"确定"。

图 5.113　曝光不足(2)照片

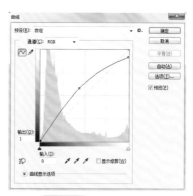

图 5.114　曲线调整图

第二步：照片整体是加亮了，但人物脸部还稍偏暗，工具箱单击"椭圆选框工具"  将人物的头部套出一个选区，如图 5.115 所示，注：选区一定要套的稍大一些，这样羽化值就可调得大一些，柔和过渡的区域就会大一些。

图 5.115　头部套椭圆选区

图 5.116　调整边缘对话框调羽化值

第三步：执行"选择—调整边缘"命令（也可以在工具选项栏单击"调整边缘"按钮），弹出"调整边缘"对话框，这里要拖"羽化"值的滑块来调整，"羽化"值为 55，如图 5.116 所示，单击"确定"。

注意：调羽化值时要看选区周边柔和过渡的情况，还有被调对象的清晰度，所以，55 这个参数值并不是固定不变的，要根据所画选区的大小来确定，主要是靠边拖滑块调整边观察，让脸部的周边都虚化了，但脸还是清晰的，这样调整出来的照片上不会留有调过的痕迹。

第四步：执行"图像—调整—曲线"命令，在弹出的"曲线"对话框中，调中间调的点，将人物脸部稍稍加亮一点，达到视觉上的满意，单击"确定"。执行"选择—取消选择"命令（或按"Ctrl ＋ D"），将选区取消掉。

图 5.117　最终效果

第五步：工具箱单击"红眼工具" ，修红眼，按"Ctrl ＋＋"将照片放大，左手按下空格键，鼠标拖移照片将脸部拖到主窗口。由于两只眼睛红的位置及程度都不一样，所以工具选项栏设置的参数也不一样，左眼设置"瞳孔大小 30%"，"变暗量 30%"，单击左眼上的红点。

因为右眼红眼的位置不在眼珠上，而在眼角，所以用"红眼工具"效果不好，可用"颜色替换工具" ，工具选项栏设置模式为"颜色"，容差为 30，用"[ ]"调节好笔刷大小，到红眼上按下左键拖移鼠标。最终效果如图 5.117 所示。

5.3.3　图像色彩调整命令

常用的色彩调整命令包括"色相／饱和度"、"色彩平衡"、"照片滤镜"、"替换颜色"及"变化"等，这些命令被广泛应用在对图像的色彩调整上。

图像的色彩调整命令是用"图像—调整—……"菜单命令来得以实现。

5.3.3.1　色相／饱和度

"色相／饱和度"命令用于调整或改变图像的色彩，它可以通过调整色相、饱和度、明度来改变图像中所有颜色，也可以调整图像中特定颜色范围的色相、饱和度和亮度以及单个颜色的色相、饱和度和明度。

当执行"图像—调整—色相／饱和度"命令（或按"Ctrl＋U"）时，会弹出如图5.120所示对话框。

"色相／饱和度"对话框注解见表5.3。

表5.3 "色相／饱和度"对话框注解（如图5.120所示）

序号	名称	说明
①	编辑	在"编辑"下拉列表中，选择"全图"选项，可以同时调节图像中所有的颜色，选择某个颜色可以单独调节特定颜色的色相、饱和度、明度
②	色相	拖动"色相"滑块能够调节图像中像素的颜色倾向
③	饱和度	拖动"饱和度"滑块能够调节图像的饱和度，向右拖动增加饱和度，向左拖动则减少饱和度
④	明度	拖动"明度"滑块能够调节图像像素的明暗程度，向右拖动增亮，向左拖动变暗
⑤	手动调整	在图像上单击并拖动可修改饱和度，按住Ctrl键单击可修改色相
⑥	取样吸管工具	有三根吸管，"吸管工具"、"添加到取样"和"从取样中减去"；在编辑下拉列表中选择某一个颜色进行单独调节时，取样按钮才可用。根据需要，可以利用不同的取样按钮对图像中的颜色进行取样
⑦	着色	勾选"着色"选项，可以将图像变成单色调的图像

案例5-16 用色相／饱和度命令改变照片色彩

第一步：打开"66调整照片色彩.jpg"照片，如图5.118所示，我们观察这张照片灰蒙蒙的，特别是色泽不够鲜艳，对比不强烈。

第二步：执行"图像—调整—亮度／对比度"命令，在弹出的"亮度／对比度"对话框中，调亮度为8，对比度为80，如图5.119所示

第三步：执行"图像—调整—色相／饱和度"命令（或按"Ctrl＋U"），会弹出如图5.120所示对话框，在对话框中单击编辑扩展按钮，选"全图"（一般都默认是"全图"），设置"色相"为10，"饱和度"为47，"明度"为-10，单击"确定"。此时，照片上的色彩有了明显的改观。

图5.118 调整照片色彩照片

图5.119 调亮度／对比度

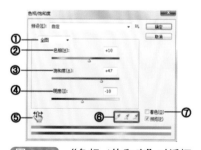

图5.120 "色相／饱和度"对话框

第四步：照片还是有点模糊，清晰度不够好，执行"滤镜—锐化—USM锐化"命令，弹出"USM锐化"对话框，在这里设置"数量"为75，半径为235，阈值为8，如图5.121所示，单击"确定"，图像清晰度有了很明显的改善。

第五步：在"图层"面板的"背景"层上右击，在弹出的菜单中单击"复制图层"，如图 5.122 所示，在弹出的对话框中单击"确定"，图层面板复制生成了"背景拷贝"层，如图 5.123 所示。

图 5.121　"锐化"对话框　　图 5.122　"图层"面板右击菜单　　图 5.123　复制出图层

第六步：将"背景拷贝"层的图层混合模式改变为"柔光"，操作位置如图 5.124 所示，单击会弹出下拉列表，在列表中单击"柔光"，最终调整效果如图 5.125 所示。

可在"历史记录"面板上单击"打开"，再单击最后一步"混合更改"，进行调整前与调整后的效果对比。

注意：①"滤镜—锐化—USM 锐化"命令在第 10 章里有详细介绍，在此只是先应用一下。

② 要想完美地调整出一张照片，要通过几种不同的命令或编辑手段来调整，不是单一的一个命令就能把照片调出理想的效果。

图 5.124　改为"柔光"　　　　　　图 5.125　最终调整效果图

案例 5-17　用色相／饱和度命令给照片添加特殊色彩

第一步：打开"07 宝贝 3.jpg"照片，如图 5.126 所示。

第二步：执行"图像—调整—色相／饱和度"命令（或按"Ctrl ＋ U"），弹出"色相／饱和度"对话框，将"着色"选项勾住，如图 5.127 所示，照片马上变成单色调的了，如图 5.128 所示，如果调整色相、饱和度和明度滑块，照片色彩也会相应变化，调整到你认为满意为止，单击"确定"。

5.3.3.2　自然饱和度

"自然饱和度"是 Photoshop CC 中新增的色彩调整命令，在使用它调整图像时，会自动保护图像中已饱和的部位，只对其做微小的调整，而着重调整不饱和的部位，这样会使图像整体的饱和度趋于正常。

打开"图像素材＼花卉＼鲜花 013.jpg"照片，如图 5.129 所示，执行"图像—调整—自然饱和度"命令，会弹出"自然饱和度"对话框，将"自然饱和度"值调到 +100，如图 5.130 所示，单击"确定"，调整后鲜花照片的效果如图 5.131 所示。

图 5.126　宝贝 3

图 5.127　勾选"着色"

图 5.128　单色调照片

图 5.129　鲜花 013

图 5.130　"自然饱和度"对话框

图 5.131　调整后效果

在"自然饱和度"对话框中，"自然饱和度"选项的值越大，图像整体的饱和度越趋于正常，而"饱和度"选项的值过大则会使图像失真。"自然饱和度"选项的值越小图像颜色越暗淡，同样，"饱和度"选项值越小，也会让颜色越暗淡。

5.3.3.3　色彩平衡

"色彩平衡"命令可以改变图像中多种颜色的混合效果，纠正图像中出现的偏色、过饱和或饱和度不足的情况，从而调整图像的色彩平衡。它计算速度快，适合调整较大的图像。

"色彩平衡"对话框注解见表 5.4。

表 5.4　"色彩平衡"对话框注解（如图 5.133 所示）

序号	名称	说明
①	"色阶"文本框	在"色阶"文本框中可以输入 -100 ～ + 100 之间的数值，可改变图像的颜色，也可拖动下方颜色条中的 3 个滑块调整图像颜色
②	"色调平衡"选项组	在"色调平衡"选项组中，有 3 个选项，勾选"阴影"后调整，单独对阴影部分进行颜色的调整，它影响的是图像中比较暗的范围。 勾选"中间调"后调整，它影响的是图像中中间色调范围。勾选"高光"后调整，它影响的是图像中比较亮的范围
③	"保持明度"选项	勾选"保持明度"选项，可保持图像整体的色调平衡，防止图像的亮度随颜色的改变而改变

💡 案例 5-18　用色彩平衡命令调整偏色模糊照片

第一步：打开"52 偏色模糊照片 .jpg"照片，如图 5.132 所示，分析这张照片总体颜色偏黄，可用"色彩平衡"命令来纠正。

第二步：执行"图像—调整—色彩平衡"命令（或按"Ctrl + B"），弹出"色彩平衡"对话框，如图 5.133 所示。

图 5.132 偏色模糊照片

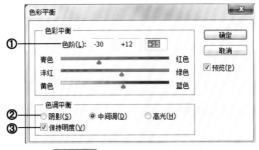

图 5.133 "色彩平衡"对话框

第三步：在对话框中，先将"色调平衡"选项组中的"中间调"选中。根据照片偏色的程度，将"红色"与"青色"滑块向左拖移至 -30（因照片本身偏红，所以要离开点红色，向青色靠拢点）；将"绿色"与"洋红"滑块向右拖移至＋12（因照片本身红和洋红的成分比较多，所以也要离开点洋红，向绿色稍稍靠拢点）；将"蓝色"与"黄色"滑块向右拖移至＋15。边拖移滑块，边观察照片变化，认为合适了，单击"确定"。

第四步：经过"色彩平衡"命令调整后，照片的饱和度和亮度还得不到改善，执行"图像—调整—色相／饱和度"命令，弹出"色相／饱和度"对话框，将"饱和度"向右拖到+30，如图 5.134 所示，单击"确定"，这样整张照片饱和度提高了，颜色变得鲜亮了。再执行"图像—调整—亮度／对比度"命令，将"对比度"滑块向右拖至 40，如图 5.135 所示。照片调整结束后可在"历史记录"面板上进行调整前与调整后的效果对比。

图 5.134 "色相／饱和度"对话框

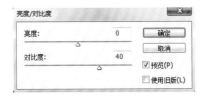

图 5.135 "亮度／对比度"对话框

5.3.3.4 替换颜色

"替换颜色"命令可以将图像中的全部颜色或部分颜色替换为指定颜色。

案例 5-19 用替换颜色命令替换照片特定区域颜色

第一步：打开"07 宝贝 3.jpg"照片，如图 5.136 所示。

第二步：执行"图像—调整—替换颜色"命令，弹出如图 5.137 所示对话框。

第三步：在对话框中，用颜色取样吸管单击一下照片中的枫叶，如图 5.136 所示，此时"颜色"块变成浅绿色，表示已取样，对话框下半部分是"替换"，这里面有个"结果"颜色块，单击这个"结果"颜色块，会打开拾色器，在拾色器上选洋红色，单击"确定"（注：这是拾色器对话框的"确定"），将"颜色容差"调节到 80 左右，观察照片的颜色变化，显然照片中原枫叶的颜色及图像接近该颜色的区域均被洋红色替换了，调整合适后单击"确定"（也可调整下面"替换"框中的"色相"、"饱和度"和"明度"三个滑块，观察照片变化情况），效果如图 5.138 所示。

图 5.136　宝贝 3 照片

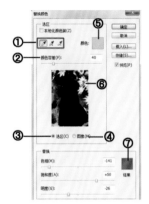

图 5.137　"替换颜色"对话框

图 5.138　替换后效果

注意："替换颜色"命令对白色无效，它显示灰度，对黑色也不适用。

"替换颜色"对话框注解见表 5.5。

表 5.5　"替换颜色"对话框注解（如图 5.137 所示）

序号	名称	说明
①	颜色取样	单击左起第一根取样按钮（像吸管），用于吸取图像上的颜色，第二根吸管是增加取样颜色范围；第三根吸管是减少取样颜色范围
②	颜色容差	用于设置颜色的差值，数值越大，所选取的颜色范围就越大
③	选区	选择"选区"选项后，面板中的预览图像会以黑、白、灰的形式显示，其中，黑色代表未选择区域，白色代表选择区域，灰色代表半透明度区域
④	图像	选择"图像"选项后，预览图就会以原图像形式显示
⑤	颜色	显示吸管在图像上单击部位的颜色（取样颜色）
⑥	替换区域	用颜色取样吸管在图像上单击后所生成的替换区域（呈白色），这个区域的大小取决于"颜色容差"值的大小
⑦	结果	用来替换的颜色，单击结果色块可打开"拾色器"，在"拾色器"中可选取颜色，也可以调节"色相"、"饱和度"和"明度"滑块，改变替换区域内的颜色

5.3.3.5　照片滤镜

"照片滤镜"命令是通过颜色的冷、暖色调来调整图像，使用"照片滤镜"命令可以选择预设的颜色，以便对图像应用色相调整，还可以通过选择"滤镜"颜色的下拉列表来指定颜色。

案例 5-20　用照片滤镜命令给照片调出特殊色彩

第一步：打开"66 曝光不足 (1).jpg"照片，如图 5.139 所示。

第二步：照片太暗了，可按照前面所讲的，用"曲线"命令，将照片加亮。执行"图像—调整—曲线"命令（或按"Ctrl ＋ M"），将照片调亮一些。

第三步：执行"图像—调整—照片滤镜"命令，弹出"照片滤镜"对话框，如图 5.140所示，单击"滤镜"选项的扩展按钮，可展开下拉列表，单击选择"冷却滤镜 (LBB)"，"浓度"默认为 25%，如图 5.140 所示，单击"确定"，照片变成冷色调效果。

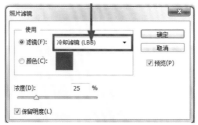

单击可展开下拉列表

图 5.139　曝光不足 (1) 照片　　　图 5.140　"照片滤镜"对话框　　　图 5.141　历史记录

第四步：在"历史记录"面板上创建"快照 1"，再单击"曲线"那一步，如图 5.141 所示，重新执行"图像—调整—照片滤镜"命令，在"照片滤镜"对话框中单击"颜色"块，调出拾色器，将颜色设置成红色，调节"浓度"滑块至 40 左右，单击"确定"，此时我们观察照片，变成夕阳景色了，如图 5.142 所示。

"冷却滤镜LBB"效果　　　"颜色"取大红色效果

图 5.142　两种照片滤镜效果

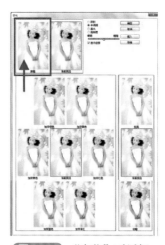

图 5.143　"变化"对话框

5.3.3.6　变化

"变化"命令可通过显示和调整图像的缩略图，对图像色彩平衡、对比度和饱和度进行调整。该命令适用于不需要精确调整某一种颜色，只需要调整平均色调的图像。

💡 **案例 5-21　给照片变化色彩**

第一步：打开"07 宝贝 3.jpg"照片。

第二步：执行"图像—调整—变化"命令，会弹出"变化"对话框，如图 5.143 所示，在"变化"对话框中，一定要先单击一下"原稿"（红箭头所指），然后单击两下"加深黄色"，再单击两下"加深红色"（表示加 2 个黄，加 2 个红），调出暖色调照片，单击"确定"，效果如图 5.144 所示。.

第三步：在"历史记录"面板上创建"快照 1"，按"F12"键回退到打开状态。

第四步：执行"图像—调整—变化"命令，先单击一下"原稿"，然后单击两下"加深青色"，再单击两下"加深蓝色"（表示加 2 个青，2 个蓝），调出冷色调照片，单击"确定"，效果如图 5.145 所示。

第五步：在"历史记录"面板上创建"快照 2"，如图 5.146 所示，此时单击一下"快照 1"，再单击一下"快照 2"，比较出冷、暖两种色调的特殊色彩效果。

图 5.144 暖色调效果

图 5.145 冷色调效果

图 5.146 "历史记录"面板

5.3.3.7 可选颜色

"可选颜色"命令可以在图像中有选择地修改主要颜色中的印刷色数量，而不影响其他颜色。它能对 RGB、CMYK 等色彩模式的图像进行分通道调整色彩。

案例 5-22 改变月季花的颜色

第一步：打开 "81 月季花 .jpg" 照片，如图 5.147 所示。

第二步：执行 "图像—调整—可选颜色" 命令，弹出 "可选颜色" 对话框，如图 5.148 所示，在对话框中单击 "颜色 (O)：" 扩展按钮，在下拉列表中单击 "红色"；对话框最下方 "方法" 有两个选项，单击勾选 "绝对"，将黑色滑块调到 +100，黄色滑块调到 -100，此时红色的月季花变成紫色的了，如图 5.149 所示，而照片上其他颜色并未受到影响。

图 5.147 月季花照片

图 5.148 "可选颜色"对话框

图 5.149 紫色效果

在 "可选颜色" 对话框中任意拖动不同颜色的滑块，都会让月季花改变颜色。

第三步：在 "历史记录" 面板上创建 "快照 1"，再单击 "打开"（或按 "F12" 键），回退到打开状态，执行 "图像—调整—替换颜色" 命令，在弹出的 "替换颜色" 对话框中，按图 5.150 所示步骤操作，① 单击 "取样吸管"，到照片的月季花瓣上单击取样；② 更换结果色为蓝色；③ 调整 "颜色容差" 至整个花变成蓝色；④ 单击 "添加到取样" 吸管；⑤ 到月季花上颜色替换的不完美的地方单击，使其全部变为蓝色，最后单击 "确定"。

第四步：在 "历史记录" 面板上创建 "快照 2"，如图 5.151 所示，两个命令均可给照片局部更换颜色。

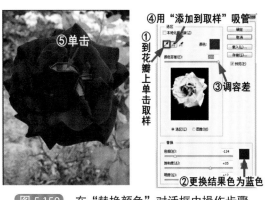

图 5.150 在"替换颜色"对话框中操作步骤

图 5.151 "历史记录"面板

5.3.4　反相

　　"反相"命令是将图像中的颜色进行反转，可以得到类似于照片胶片的效果。执行该命令时不会出现对话框，而是直接得到结果。

　　仍然是"月季花"照片，执行"图像—调整—反相"命令（或按"Ctrl ＋ I"），照片马上变成了胶片效果，如图 5.152 所示。

图 5.152 反相效果

图 5.153 "阴影／高光"一级对话框

5.3.5　阴影／高光

　　"阴影／高光"命令用于因用光处理不当而出现过亮或过暗的图像。打开照片，执行"图像—调整—阴影／高光"命令，弹出"阴影／高光"对话框，如图 5.153 所示，这个图所示是一级对话框，若单击勾选"显示更多选项"，拓展开来就是如图 5.154 所示二级对话框，这是更加精细的调整。

　　"阴影／高光"命令通常是会自动调整的，但有时会对其自动调整部分不太满意，可手动调整。对曝光不足的照片，一般要调整"阴影"选项组中的"数量"、"色调宽度"和"半径"，适当调大一点"修剪白色"参数。而对于曝光过度的照片则要调整"高光"选项组中的"数量"、"色调宽度"和"半径"，同时还要适当调大一点"修剪黑色"参数。但这些参数不是固定的，要边调整，边观察照片的效果，合适即可。

　　"阴影／高光"对话框注解见表 5.6。

表 5.6 "阴影／高光"对话框注解（如图 5.154 所示）

序号	名称		说明
①	阴影选项组	数量	拖动"数量"滑块或者在其右侧的文本框中输入一个值，可以调整光照校正量，设置的值越大，为阴影提供的增亮程度越大
②		色调宽度	拖动"色调宽度"滑块可以控制阴影中的修改范围，设置较小的值会只对较暗区域进行阴影校正的调整，并只对较亮的区域进行高光校正的调整，设置为较大的值，会增大中间调的色调范围
③		半径	拖动"半径"滑块可以控制每个像素周围的局部相邻像素的大小
④	"高光"选项组		用于设置"高光"的数量、色调宽度和半径，对曝光过度的照片一般要调节"高光"选项组中的"数量"、"色调宽度"和"半径"
⑤	颜色校正		拖动"颜色校正"滑块可以在图像的已更改区域中微调颜色，该调整只适用于彩色图像
⑥	中间调对比度		拖动"中间调对比度"滑块可以调整中间调的对比度
⑦	"修剪黑色"和"修剪白色"		"修剪黑色"数值越大，黑色调越浓；"修剪白色"数值越大，白色调越浓；数值要手工输入

案例 5-23 用阴影／高光命令调整曝光过度的照片

第一步：打开"56 曝光过度 (2).jpg"照片，如图 5.155 所示。

第二步：执行"图像—调整—阴影／高光"命令，弹出"阴影／高光"对话框，调整各参数，如图 5.154 所示，认为合适了单击"确定"。

注意：① 像这样一张曝光过度的照片，在"阴影／高光"命令对话框中调整时，不要在"阴影"范围内调，要在"高光"范围内调；"数量"为 50，"色调宽度"为 50，"半径"为 30；在"调整"范围内调"颜色校正"为 +25，"中间调对比度"为 +15；"修剪黑色"要调一下，输入 3，但"修剪白色"不要调，因为照片已经太亮了，要让它再暗一点才对。

② 这些参数不是固定不变的，要边调整边观察照片的变化，达到视觉上的满意即可。

③ 一般照片调整结束后都要在"历史记录"面板上进行调整前、后比较。

第三步：工具箱单击"加深工具" ，工具选项栏设置："范围"选"中间调"，"曝光度"60%，用"[ ]"调整笔刷的大小（笔刷用柔角），在景物上拖移鼠标涂抹，加深颜色，最终效果如图 5.156 所示。

图 5.154 二级对话框

图 5.155 曝光不足 (2) 照片

图 5.156 调整后照片

案例 5-24 用阴影／高光命令调整曝光不足的照片

第一步：打开"53 曝光不足 (1).jpg"照片，如图 5.157 所示。

图 5.157　曝光不足 (1)

图 5.158　调整对话框

图 5.159　调整后效果

第二步：执行"图像—调整—阴影／高光"命令，弹出"阴影／高光"对话框，一开始，它是自动调整的，如果感觉效果不满意，可以再调整。因为这张照片是逆光照片，背景天空亮，其余大部分又很暗，所以要调整"阴影"区域参数。如图 5.158 所示，观察照片调整效果，感觉合适了，单击"确定"，效果如图 5.159 所示。

图 5.160　历史记录面板

这张照片调"阴影"区的三个参数，数量是 50，色调宽度 50，半径是 100，"调整"区的两个参数，颜色校正为 +20，中间调对比度为 +15，修剪白色为 3。

第三步：在"历史记录"面板上创建"快照 1"，再回退到"打开"，用前面学过的"曲线"命令调这张照片，在"历史记录"面板上建"快照 2"，如图 5.160 所示，分别单击"快照 1"、"快照 2"，可以比较出这张照片用"阴影／高光"命令调整出的效果要比"曲线"命令好一些。

5.4　黑白照片制作

在"图像—调整—……"命令中，有最常用的两种制作黑白照片的方法。

5.4.1　去色

"去色"命令用于去掉图像中所有的颜色信息，使图像转换为灰度图像，并保留图像原有的亮度与色彩模式不变。

5.4.2　黑白

"黑白"命令和"去色"命令都是制作黑白照片的，但"黑白"命令比"去色"命令更高一个层次，执行"图像—调整—黑白"命令，会弹出"黑白"对话框，它可以调整某个色彩或偏向于某个色彩的明暗，使黑白照片加工的更加精细、更富有特色。

案例 5-25　制作黑白照片

制作黑白照片方法一：

第一步：打开"05 宝贝 1.jpg"照片，如图 5.161 所示。

第二步：执行"图像—调整—去色"命令（或按"Ctrl ＋ Shift ＋ U"），原来的彩色照片变成黑白照片，如图5.162所示；若想保留这张黑白照片，可继续操作。

第三步：在"历史记录"面板上建立"快照1"。也可保存这张黑白照片，执行"文件—存储为"命令（或按"Ctrl＋Shift＋S"），将照片另外起个名称，存放在自己的文件夹里。

图 5.161　宝贝1

图 5.162　去色后效果

图 5.163　"黑白"命令对话框

制作黑白照片方法二：

第一步：仍然是"05宝贝1"照片，在"历史记录"面板上单击"打开"。

第二步：执行"图像—调整—黑白"命令（或按"Ctrl＋Shift＋Alt＋B"），弹出"黑白"命令对话框，如图5.163所示，该对话框中有6种颜色的滑杆，每根滑杆上有滑块。滑块向左拖移变暗，向右拖移变亮。

第三步：由于小姑娘的衣服是洋红的，调整"洋红"滑块向左拖移，很明显，衣服变暗了，向右拖移，衣服变亮了。如果调整"红色"滑块，衣服也会改变，但倾向于红色的肤色也会改变。调整"黄色"滑块，小姑娘额头上的眼镜片变化很明显，制作效果如图5.164所示，单击"确定"不要忘记。

第四步：在"历史记录"面板上建立"快照2"。

第五步：若在"黑白"命令对话框中，将"色调"选项勾选，如图5.165所示，下面的"色相"及"饱和度"被激活，此时调整"色相"和"饱和度"滑块可以调出单色调图像的色相和饱和度，它可以制作带有怀旧色彩的老照片，如图5.166所示。

图 5.164　黑白照片效果

图 5.165　勾选"色调"

图 5.166　怀旧色彩效果

注意：边调整滑块，边观察照片的变化，当您认为满意了，单击"确定"。

第六步：需要这种怀旧色彩的效果，可将照片另外做个保存。

5.5 特殊调整命令

5.5.1 匹配颜色

"匹配颜色"命令可以在相同或不同的图像之间进行颜色匹配，也就是使目标图像具有与源图像相同色调。当一个图像中的某些颜色与另一个图像中的颜色一致时，该命令的作用比较明显。使用"匹配颜色"命令可以更好地完成图像多种创意的拼贴效果。

案例 5-26 给东方明珠披上晚霞

第一步：打开"87 东方明珠 .jpg"照片和"09 火烧云 .jpg"两张照片，如图 5.167 和图 5.168 所示。

图 5.167 东方明珠

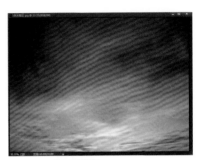

图 5.168 火烧云

第二步：将"东方明珠"照片激活，执行"图像—调整—匹配颜色"命令，会弹出"匹配颜色"对话框，如图 5.169 所示，这个对话框中已经将"目标"默认为"87 东方明珠 .jpg"了，要单击"源"位置的扩展按钮，在弹出的下拉列表中单击"09 火烧云 .jpg"，照片马上融进了火烧云的色彩，单击"确定"，效果如图 5.170 所示，东方明珠就像是披上了晚霞一样。

图 5.169 "匹配颜色"对话框

图 5.170 披上晚霞效果图

5.5.2 色调分离

"色调分离"命令可以指定图像中的亮度值或颜色级别，在指定的图像中得到一种特殊的效果。

案例 5-27 制作单色水墨画效果

制作水墨画方法一：

第一步：打开"87 东方明珠 .jpg"照片，如图 5.167 所示。

第二步：执行"图像—调整—去色"命令（或按"Ctrl + Shift + U"），使照片成为黑白照片。

第三步：执行"图像—调整—色调分离"命令，弹出"色调分离"对话框，如图 5.171 所示，默认"色阶"值是 4，单击"确定"。照片已经变成水彩画了，如图 5.172 所示。

图 5.171 "色调分离"对话框

图 5.172 色调分离后效果

第四步：执行"图像—调整—色彩平衡"命令（或按"Ctrl + B"），在弹出的"色彩平衡"对话框中设置 +35，-35，-78，如图 5.173 所示，单击"确定"，最终效果如图 5.174 所示，在"历史记录"面板上创建"快照 1"。

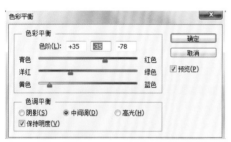

图 5.173 色彩平衡对话框

图 5.174 单色水墨画效果

5.5.3 阈值

阈值就是临界值，在 PS 中的阈值，实际上是基于图像亮度的一个黑白分界值，默认值是 50% 中性灰，既 128。阈值色阶高于 128(<50% 的灰) 的照片倾向黑，低于 128(>50% 的灰) 的照片倾向白。

"阈值"命令可以将彩色阈值或灰度图像转为高对比度的黑白图像，当指定某个色阶作为阈值时，所有比阈值暗的像素都将转换为黑色，而所有比阈值亮的像素都将转换为白色。

制作水墨画方法：

图 5.175 黑白水墨画效果

仍然是"87 东方明珠 .jpg"照片（在"历史记录"面板上单击"打开"），执行"图像—调整—阈值"命令，在弹出的"阈值"对话框中可以不作设置，单击"确定"即可得到图 5.175 所示的黑白水墨画效果。

5.5.4 HDR 色调

HDR 是英文"High Dynamic Range"的缩写，意为"高动态范围"。在正常的摄影当中，只能选择阴影部分或高光部分细节，而 HDR 照片的优势是最终可以得到一张无论在阴影部分还是在高光部分都有细节的照片。选用"HDR 色调"命令可以对图像中的边缘光、色调和细节、颜色等方面进行更加细致的调整。

💡 **案例 5-28** 用 HDR 色调命令调整照片曝光度

第一步：打开"53 曝光不足 (1).jpg"和"56 曝光过度 (2).jpg"两张照片，如图 5.176 和图 5.177 所示。

第二步：先将"53 曝光不足 (1).jpg"照片激活，使它成为当前要操作的照片，执行"图像—调整—HDR 色调"命令，会弹出"HDR 色调"对话框，如图 5.178 所示。

图 5.176 曝光不足 (1)

图 5.177 曝光过度 (2)

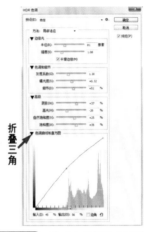
图 5.178 "HDR 色调"对话框

注意：这个对话框里有折叠三角，有时曲线会被折叠住，要单击折叠三角展开"色调曲线和直方图"。

"HDR 色调"对话框中各选项注解见表 5.7。

表 5.7 "HDR 色调"对话框选项注解（如图 5.178 所示）

分类	选项名称	说明
预设		在下拉列表中可以选择系统预设的选项
方法		在下拉列表中选择对图像的调整方法
边缘光	半径	用来设置发光效果的大小
	强度	用来设置发光效果的对比度
色调和细节	灰度系数	控制图像的对比度，降低灰度系数可将图像对比度提高，反之则降低图像的对比度
	曝光度	控制照片明暗
	细节	用来设置图像的细节
高级	阴影	调整阴影部分的明暗度
	高光	调整高光部分的明暗度
	自然饱和度	可以对图像进行灰色调到饱和色调的调整，用于提升图像的饱和度或调整出优雅的灰色调，数值越大，色彩越浓烈
	饱和度	用来设置图像色彩的浓度
曲线		用曲线、直方图的方式对图像进行色彩与亮度的调整

第三步：先调曲线，将照片整体加亮，依次从上往下调。"边缘光"：半径 81，强度 108；"色调和细节"：灰度系数 1.30，曝光度 +0.32，细节 51；"高级"：阴影 +37，高光 -28，

自然饱和度 +25，饱和度 +35；单击"确定"。

　　注意：调照片时要将对话框与照片错开位，边调整，边观察照片变化，每个参数都不是固定不变的，要凭个人的视觉感观来衡量，达到视觉上的满意即可。

　　第四步：在"历史记录"面板创建"快照 1"，再回退到"打开"，用前面学过的"曲线"命令进行调整，建"快照 2"，再回退到"打开"，用前面学过的"阴影 / 高光"命令对照片进行调整，建"快照 3"，如图 5.179 所示；分别单击"快照 1"、"快照 2"和"快照 3"，观察照片效果，显然是"HDR 色调"命令调整出来的效果更好一些。

　　第五步：将"56 曝光过度 (2).jpg"照片激活，使它成为当前要操作的照片，执行"图像—自动色调"命令（或按"Ctrl + Shift + L"），再执行"图像—自动对比度"命令（或按"Ctrl + Shift + Alt + L"），执行"图像—自动颜色"命令（或按"Ctrl + Shift + B"）自动调整照片的色调、对比度与颜色。

　　第六步：执行"图像—调整—HDR 色调"命令，会弹出"HDR 色调"对话框，在对话框中先单击"预设"扩展按钮，在展开的下拉列表中单击"逼真照片高对比度"，如图 5.180 所示，单击"确定"。

图 5.179　历史记录面板

图 5.180　"HDR 色调"

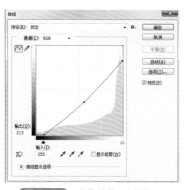

图 5.181　"曲线"对话框

图 5.182　效果 1

图 5.183　效果 2

　　第七步：执行"图像—调整—曲线"命令（或按"Ctrl + M"），在弹出的"曲线"对话框中设置曲线如图 5.181 所示，单击"确定"，效果如图 5.182 所示（称之为"效果 1"）。

　　前面曾经用"阴影 / 高光"命令对这张照片进行过调整，效果如图 5.183 所示（称之为"效果 2"），显然是"阴影 / 高光"命令调整出来的效果要好一些。

案例 5-29　修复破损的旧照片

第一步：打开"37 旧画像 .jpg"照片，如图 5.184 所示，按"Ctrl ＋＋"将照片放大（局部修要左手按下空格键，配鼠标拖移，局部浏览）。

第二步：修补，我们学了四种修图工具，不妨都可以试着用一下。

在使用"仿制图章工具" 🄰 时，用中括号"[　]"调整好笔刷大小，在工具选项栏中选：模式正常，不透明度 100%，流量 100%，修外围，修脸部时要适当降低不透明度和流量，例如可设置不透明度为 50%～ 60%，流量 30% 左右，否则会留下明显的修复痕迹。

"仿制图章工具" 🄰、"修复画笔工具" 🖊 和"污点修复画笔工具" 🖊，都可用中括号"[　]"调整笔刷大小。

最方便的是"污点修复画笔工具" 🖊 或"修补工具" 🔲，因为它的工具选项栏可设置"内容识别"，修的既快又好。

第三步：在修图的过程中，修到一定程度时，要在"历史记录"面板上建立快照，以免退不回去，使得前面的修复工作白做。

第四步：执行"图像—调整—曲线"命令（或按"Ctrl ＋ M"），调整照片的亮度，也可用"亮度 / 对比度"命令，调照片的对比度，直到满意为止，修复后的效果如图 5.185 所示。

图 5.184　旧画像

图 5.185　修复后效果

第五步：执行"文件—存储为"命令，将照片更名为"修复好的旧画像 .jpg"保存到自己的文件夹。

案例 5-30　用色彩平衡命令纠正偏色照片

第一步：打开"11 宝贝 5.jpg"照片，如图 5.186 所示，这张照片颜色偏青、偏绿。

第二步：执行"图像—调整—色彩平衡"命令（或按"Ctrl ＋ B"），弹出"色彩平衡"对话框，在这个对话框中，先勾选"中间调"（一般都默认是"中间调"），调整各参数，如图 5.187 所示。边调整，边观察照片色彩变化，达到视觉上的满意时单击"确定"。

第三步：在"历史记录"面板上单击"创建新快照" 📷 按钮，创建"快照 1"。

第四步：整张照片有阴影区（比较暗的区域）、高光区（比较亮的区域）和中间调部分，如图 5.188 所示。要想对阴影区或高光区的色彩进行调整，就要在"色彩平衡"对话框中先勾选"阴影"（或"高光"），如图 5.189 所示（本案例是勾选的"高光"），此时再拖动滑块调整，照片上变化最明显的是脸部及高亮的肤色区域。反之，若勾选"阴影"，再拖动滑块调整，照片上变化最明显的是左下部分比较暗的区域。照片上大部分区域都是中间色调，通常在"色彩平衡"对话框中默认为"中间调"。

图 5.186 宝贝 7 照片

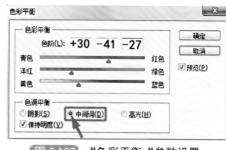

图 5.187 "色彩平衡"参数设置

图 5.188 阴影区、高光区

图 5.189 勾选"高光"

第五步：在"历史记录"面板上创建"快照 2"，然后进行调整前和调整后的效果比较。

第六步：执行"文件—存储为"命令（或按"Ctrl + Shift + S"），将照片另外起个名称存盘。

案例 5-31 用快速选择工具抠图给照片换背景

第一步：打开"33 换背景 01"和"34 换背景 02"两张照片，如图 5.190 及图 5.191 所示。

第二步：将"33 换背景 01"照片激活，用"快速选择工具" 将人物划分出选区，如图 5.190 所示。

图 5.190 换背景 01 照片

图 5.191 换背景 02 照片

注意：① 工具选项栏加选笔、减选笔的切换使用，如图 5.192 所示。在加选笔状态下，按下"Alt"键是减选笔。

② 有些细节地方要将笔刷缩小单击划分选区。

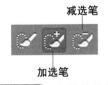

减选笔

加选笔

图 5.192　加选笔状态

③ 对于看不清楚的细节地方，最好用"Ctrl ++"放大后再操作，操作结束后再按"Ctrl + 0"满画布显示（按屏幕大小缩放）。

④ 在这里不设置羽化值了，因为羽化值会将头发边缘细节部分柔和虚化掉，头发会显得不真实。

第三步：执行"图层—新建—通过拷贝的图层"命令（或按"Ctrl + J"），将人物在"图层"面板上单独复制出一层，如图 5.193 所示的"图层 1"。

第四步：如果"快速选择工具"将人物划分选区不完整，可在图层面板上将"背景"层的眼睛单击关闭，如图 5.194 所示，这样在照片上显示的背景均为透明（灰白相间的网格）的效果，如图 5.195 所示，这种显示可明显看清哪些细节抠图不完整，例如手指部分。

图 5.193　图层 1

图 5.194　关闭眼睛

单击关闭"背景"层的眼睛

图 5.195　透明背景效果

第五步：在"图层"面板上定位在"图层 1"，按"Ctrl ++"，先将照片放大，左手按住空格键，鼠标拖移，将照片上手指部位拖到主窗口，如图 5.196 所示，松开空格键。工具箱单击"橡皮擦工具" ，用"[ ]"键调整好笔刷大小，将手指缝隙间的杂色擦除掉（鼠标拖移着去擦），手指不完整的地方要左手按下"Alt"键（注：按下"Alt"键相当于在工具选项栏中勾选了"抹到历史记录"）擦找出来，若擦过头了，也是按下"Alt"键擦找出来。

注意：在用"橡皮擦工具"时，在工具属性栏设置笔刷为柔角，即将硬度降为 0，这样擦出来的边缘不会很生硬。

第六步：工具箱单击"移动工具" ，将人物拖移到"换背景 02"照片上，执行"编辑—自由变换"命令（或按"Ctrl + T"），左手按下"Alt + Shift"键，用鼠标拖移变换框顶角的控制点，将人物适当地缩小并拖放在合适位置，按回车键去掉变换框；拼合效果如图 5.197 所示。

第七步：执行"图层—合并可见图层"命令，再执行"文件—存储为"命令，给照片另外起个名字保存好（注意保存位置要确定好）。

图 5.196　擦除提示

图 5.197　拼合效果

Photoshop CC 图像处理入门教程

图层是 Photoshop 图像处理中最重要的功能之一，几乎所有的图像编辑操作都是基于图层对图像进行的；使用图层可以创建各种图层特效，实现充满创意的、奇妙的图像效果。只有熟练掌握了图层的基础操作后，才能灵活运用 Photoshop CC 其他更精彩的功能。

图层有三大特性。

① 透明性：这是图层基本特性，图层就像一层层透明的玻璃，在没有绘制色彩的部分，透过上面图层的透明部分能够看到下面图层的图像内容。

② 独立性：把一幅图像作品的各个部分放到单个图层中，能方便地操作作品任何部分的内容，各个图层之间是相对独立的。对其中一个图层进行操作时，其他图层不受影响。

③ 遮盖性：图层之间的遮盖性指的是当一个图层中有图像信息时，会遮盖住下层图像中的图像信息。

6.1 图层面板和菜单

在 Photoshop 中"图层"面板是进行图像编辑时必不可少的工具，通过"图层"面板可以显示当前图像的所有图层信息，可以调整图层的叠放顺序、图层的"不透明度"以及图层的"混合模式"等参数。"图层"菜单与"图层"面板作用相同。

6.1.1 图层面板

要想显示图层面板，要先打开一幅图像。打开"16 儿童模板 003.psd"，如图 6.1 所示。这是一个多图层的模板，它的"图层"面板如图 6.3 所示。

注意：在打开这种带有文本图层的模板时，经常会出现提示，如图 6.2 所示，不同的模板，提示不一样，这里只讲两种，本案例出现的是"对话框 1"，单击"确定"，如果出现"对话框 2"的提示，单击"否"，也可以单击"更新"。

为什么会出现这样的提示呢？主要是模板里有"T"图层（称文本图层），这种图层是带字体的图层，有些模板的字体在电脑字库里是没有的，所以会出现这样的提示。在"对话框 2"中，先单击勾选"不再显示"，再单击"否"，以后类似这样的模板打开就不会再出现提示了。

我们看到每一个图层好比透明的胶片，在每一张胶片上绘制不同的色彩、不同形状及不同内容的画，由于胶片是透明的，将它们按一定的上下顺序进行叠放后，就形成了一幅完整的图像了。在调整某些胶片的上下顺序或移动其中一张胶片的位置后，就能产生不同的图像效果。图层的操作就类似于对不同图像所在的胶片进行调整或改变。

图 6.1　儿童模板 003.psd

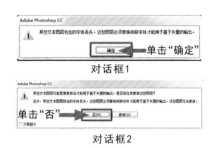

对话框1

对话框2

图 6.2　提示对话框

下面对图层面板进行逐一介绍（如图 6.3 所示）。

（1）快速显示图层：用来对多图层文档中的特色图层进行快速显示，在其下拉列表中包含"类型"、"名称"、"效果"、"模式"、"属性"和"颜色"。当选择某项命令时，在右侧会出现与之对应的选项。例如，选择"类型"选项时，在右侧会出现 "像素图层滤镜"、"调整图层滤镜"、"文本图层滤镜"、"形状图层滤镜"和"智能对象滤镜"等。

（2）混合模式：在该下拉列表中可以选择不同的混合模式，从而达到不同的图层混合效果。该下拉列表各项目名称如图 6.4 所示，各项目的详细介绍见表 6.3。

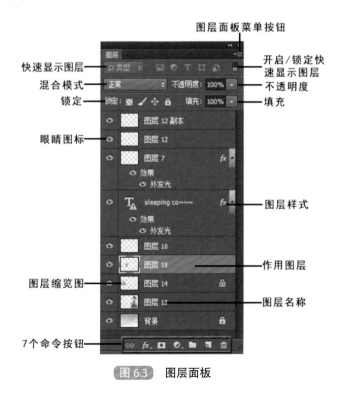

图 6.3　图层面板

图 6.4　"图层"混合模式菜单

（3）锁定： 锁定: 锁定组共有四个按钮，单击其中任意一个按钮都会将图层按照不同的设置进行锁定，锁定的注解见表6.1。

表 6.1 图层锁定注解

名称	说明
锁定透明像素	锁定图像的透明像素，不能对该图层中的透明区域进行编辑处理
锁定图像像素	锁定图像像素，只能移动图层中的图像，但不能对该图层进行编辑处理
锁定位置	锁定图像位置，不能对该图层中的图像进行移动
全部锁定	锁定图像，不能对图像文件进行任何编辑，包括移动

（4）眼睛图标：用于显示或隐藏图层，眼睛图标在，表示该图层中的图像在显示，单击一下眼睛图标，眼睛图标关闭，表示该图层中的图像被隐藏。

（5）图层缩览图：它是显示当前图层中的图像缩览图，通过它可以迅速识别每一个图层。

缩览图的大小可以改变，具体操作如下：单击图层面板菜单 按钮，会弹出图层面板菜单，如图6.5所示，单击"面板选项"，弹出"图层面板选项"对话框，如图6.6所示，共有4个单选框，单击最大一个图标的单选框，单击"确定"，图层缩览图变大了，如图6.7所示。

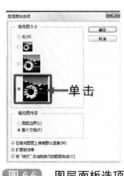

图 6.5 图层面板菜单　　图 6.6 图层面板选项　　图 6.7 缩览图变大

（6）图层菜单 ：图6.5所示的就是单击该按钮后拓展出来的菜单，图层面板上的菜单，其命令大部分内容与菜单栏上"图层"菜单中的命令相同，只是它的内容少于"图层"菜单，但它操作相对方便一些，命令作用一样，且操作也一样。其实，在"图层面板"上，定位在某一层右击时也会弹出菜单来，那样操作会更方便。

（7）不透明度：用于设置图层的总体不透明度，可以设置百分比。如图6.8所示。

（8）填充：用于设置图层的内部不透明度，可以设置百分比。

（9）图层效果：在图层上有 标记的，表示使用过图层样式（效果）了。

（10）图层名称：图层名称实际是图层的属性，每个图层都有自己的名称。

（11）作用图层：在"图层"面板中被淡蓝色罩住的图层表示是当前的操作层，鼠标单击哪一层，那一层就变成"作用图层"（也称定位到那一层）。

（12）在图层面板的最下方有7个命令按钮，如图6.9所示，从左向右依次为：

图 6.8　不透明度

图 6.9　"图层"面板命令按钮

①"链接图层" 按钮：选择多个图层后，单击该按钮，能够对选中的图层进行链接，并能对链接图层进行同时编辑。

②"添加图层样式" 按钮：单击该按钮，可在选中图层上添加图层样式。

③"添加图层蒙版" 按钮：单击该按钮，能够在选定的图层中添加图层蒙版。

④"创建新的填充或调整图层" 按钮：单击该按钮，在下拉列表（菜单）中可以选择相应的填充或调整命令，之后会在"属性"面板中进行进一步的编辑调整。

⑤"创建新组" 按钮：单击该按钮，能够在"图层"面板中创建新组，方便对图层分类管理。

⑥"创建新图层" 按钮：单击该按钮，能够在"图层"面板中创建新的普通图层（空白透明的图层）。

注意：若点住某一图层向下拖移至"创建新图层" 按钮上，创建的是某一图层的拷贝图层，这个拷贝图层中的图像内容与原图层一样。

⑦"删除图层" 按钮：先选中不需要的图层，然后将该图层拖移至"删除图层"按钮上，即可删除选中的图层。

6.1.2　图层菜单

图层菜单与"图层"面板菜单，这两个菜单的内容基本相似，只是侧重略不同，前者偏向控制层与层之间的关系，而后者则侧重特定层的属性。另外，在对图层操作时，一些较常用的控制命令，在图层面板的菜单中没有，要到"图层"菜单栏里找，如"图层—新建—通过拷贝的图层"、"图层—排列"等。

6.1.3　图层的类型

Photoshop CC 把图层分成 6 种类型，表 6.2 对这 6 种图层进行了详细的说明。

表 6.2　图层类型说明

序号	图层名称	说明
1	普通图层	这是用一般方法建立的图层，是一种最常用的图层，几乎所有的 Photoshop 功能都可以在这种图层上得到应用
2	文本图层	是用文字工具创建的图层，一旦图像中输入文字，就会自动生成一个文本图层
3	形状图层	当使用"钢笔工具"、"矩形工具"等形状工具在图像中绘制图形时，就会在图层面板中自动产生一个形状图层。它也是矢量图层
4	填充图层	填充图层是可以在当前图层中填入一种颜色（纯色或渐变色）或图案，并结合图层蒙版的功能，产生一种遮盖特效
5	调整图层	调整图层可将颜色和色调调整应用于图层，而不是直接应用图像上调整更改像素值。是将颜色和色调调整存储在调整图层中，并应用于它下面的所有图层，它不破坏原图，编辑具有选择性
6	背景图层	位于图层面板最下面的一层，通常处于全部锁定状态；它是一种只能改变颜色和进行绘制等有限编辑操作的不透明图层

6.2 图层的混合模式

所谓图层混合模式就是指一个图层与其下方图层的色彩叠加方式，假设有两个图层，将上方图层与下方图层用各种方式进行融合，使之产生各种不同的效果。在这之前我们所使用的是"正常"模式，除了"正常"以外，还有很多种混合模式，它们都可以产生迥异的合成效果。Photoshop CC 将图层的混合模式增加到 27 种。表 6.3 对这 27 种混合模式作了较详细的说明。

表 6.3　图层混合模式注解

项目	模式名称	说明
常规	正常	选择该选项，上方图层完全遮盖下方图层
	溶解	如果上方图像具有柔和的半透明边缘，选择该选项可创建像素点状效果
变暗型混合模式	变暗	它将以上方图层中较暗的像素代替下方图层中与之相对应的较亮像素，叠加后整体图像变暗色
	正片叠底	它整体效果显示由上方图层及下方图层的像素值中较暗的像素合成的图像效果，它比"变暗"暗部区域过渡平缓（可降低曝光过度照片的亮度）
	颜色加深	该模式可以使图像变暗，功能类似于"加深工具"
	线性加深	它加暗所有通道的基色，此模式对白色无效。
	深色	它的功能在于可以依据图像的饱和度，用当前图层中的颜色，直接覆盖下方图层中的暗调区域颜色
变亮型混合模式	变亮	它是用图层中较亮像素代替下方图层中与之相对应的较暗像素
	滤色	它与正片叠底效果相反，由上方图层及下方图层的像素值中较亮的像素合成的图像效果（可提高曝光不足照片的亮度）
	颜色减淡	该模式可以使图像变亮，功能类似于"减淡工具"
	线性减淡	它加亮所有通道的基色，并通过降低其他颜色的亮度来反映混合颜色，此模式对黑色无效
	浅色	它可以依据图像的饱和度，用当前图层中的颜色直接覆盖下方图层中的亮调区域颜色
融合型混合模式	叠加	图像最终的效果取决于下方图层。但上方图层的明暗对比效果也将直接影响到整体效果，叠加后下方图层的亮度区域与阴影区仍被保留
	柔光	使颜色变亮或变暗，具体取决于混合色。如果上方图层的像素比 50% 灰色亮，则图像变亮，反之，图像变暗
	强光	它的叠加效果与柔光相似，但其变亮与变暗的程度较柔光大的多
	亮光	如果混合色比 50% 灰度亮，图像通过降低对比度来加亮图像，反之使图像变暗
	线性光	如果混合色比 50% 灰度亮，图像通过提高对比度来加亮图像，反之使图像变暗
	点光	如果混合色比 50% 灰度亮，比源图像暗的像素会被置换，而比源图像亮的像素无变化，反之，比源图像亮的像素会被置换
比较型混合模式	差值	此模式可从上方图层中减去下方图层相应处像素的颜色值，使图像变暗，产生反相效果
	排除	此模式与"差值"模式相似，但是具有高对比度和低饱和度的特点，而且排除模式会比差值模式产生更为柔和的效果
	减去	此模式与"差值"模式相似，从图像中下层图像颜色的亮度值减去当前图像颜色的亮度值，并产生反相效果。上层图像越亮混合后的效果越暗。与白色混合后为黑色，上层为黑色时混合后无变化
	划分	此模式比较当前图像与下层图像，然后将混合后的区域划分为白色、黑色或饱和度较高的色彩，上层图像越亮混合后的效果变化越不明显，与白色混合没有变化，与黑色混合后图像基本变为白色
	实色混合	查看每个通道中的颜色，并选取颜色最高值作为最终显示

项目	模式名称	说明
色彩型混合模式	色相	此模式是选择下层图像颜色亮度和饱和度与当前图像的色相值进行混合创建效果
	饱和度	此模式是选择下层图像颜色的亮度和色相值与当前图像的饱和度进行混合创建效果
	颜色	此模式是"色相"、"饱和度"模式的综合效果，它能够使灰色图像的阴影或轮廓透过着色的颜色显示出来，产生某种色彩效果
	明度	此模式是将当前图像的亮度应用到下方图像中，并保持下方图像的色相与饱和度。它创建的效果与"颜色"模式创建的效果相反

注意：① 混合模式并非只存在于"图层"面板之中，在使用"画笔工具"、"仿制图章工具"、"渐变工具"时，或执行"填充"、"描边"、"计算"和"应用图像"等命令时，都可以在工具选项栏以及对话框中看到混合模式选项及其下拉菜单。

② 图层混合模式不能作用在"背景"层和被锁定的图层。

案例 6-1　图层混合模式应用

第一步：按"Ctrl ＋ N"新建 40 厘米 ×40 厘米，分辨率为 200 像素 / 英寸，RGB 颜色模式，白色背景的空白画布。

第二步：在工具箱设置前景色为浅蓝色，背景色为深蓝色，用"渐变工具"　，在工具选项栏中，① 单击打开"渐变拾色器"；② 单击"径向渐变"；③ 单击第一块渐变色，如图 6.10 所示，从画布中心向边框拖出渐变填充色，如图 6.11 所示。

图 6.10　前、背景色及渐变拾色器设置

图 6.11　径向渐变填充

第三步：打开"27 黑色底板花边及文字 .psd"模板，如图 6.12 所示。

注意：两张照片要错开位显示，不能有一张最大化或呈选项卡并列显示，会被遮挡的。

第四步：在"图层"面板上单击选中"15- 右下角花"图层，如图 6.13 所示。工具箱单击"移动工具"　，将它拖移到新建的画布上，执行"编辑—自由变换"命令（或按"Ctrl ＋ T"），将"15- 右下角花"适当放大并旋转一定的角度，拖放到画布的右下角（不要忘记按回车键，去掉变换框），拼合的效果如图 6.14 所示。

同样将"27 黑色底板花边及文字 .psd"模板激活，在"图层"面板上单击选中"21- 左下角花边"图层，用"移动工具"　将它拖移到新建画布上，拖移到左下角。再将"黑色底板花边及文字 .psd"模板激活，在"图层"面板上单击选中"19- 牡丹花边"图层，用"移动工具"将它拖移到新建画布上,按"Ctrl＋T",适当地放大并旋转一定的角度,拖放在画布的上方,按回车键去掉变换框。将"3-心形花边01"拖移到新建画布的正中心;拼合效果完成,如图6.15所示。此时"图层"面板上增加了四个图层,如图6.16所示。

图 6.12　黑色底板花边及文字

图 6.13　图层面板

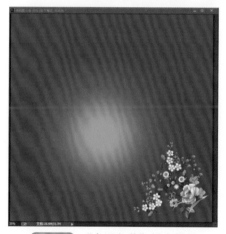

图 6.14　"右下角花"拼合效果

图 6.15　拼合效果完成图

第五步:将"27黑色底板花边及文字.psd"模板关闭。在"历史记录"面板上单击"创建新快照"　按钮,建个"快照1"。

第六步:在图层面板上操作,①单击定位在"15-右下角花"图层(单击该图层,使它变成作用图层);②单击"混合模式"(位置在"正常"),如图6.17所示。会展开"混合模式"下拉列表,在这个列表中单击"颜色减淡",如图6.18所示。此时"15-右下角花"图层与其下方的图层进行颜色运算,融合出一种新的效果,形成一种新的色彩,如图6.19所示。"图层"面板如图6.20所示。

同样,可以在"图层"面板上,选中"21-左下角花边"图层,将混合模式设置为"排除",如图6.21所示;选中"19-牡丹花边"图层,将混合模式设置为"划分",如图6.22所示;选中"3-心形花01"图层,将混合模式改为"差值",如图6.23所示。整张图像得到不同的融合效果,如图6.24所示。在"历史记录"面板建"快照2",然后进行"快照1"和"快照2"的比较。

如果我们将"背景"层的颜色换一下,那么上面几个图层所用的混合模式与背景层的颜色又会融合出新的效果,我们继续操作。

图 6.16　增加四个图层

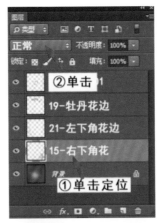

图 6.17　图层面板操作

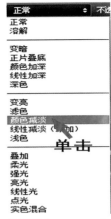

图 6.18　下拉列表

图 6.19　右下角花混合后效果

图 6.20　"颜色减淡"模式

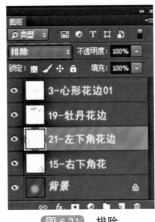

图 6.21　排除

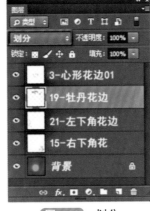

图 6.22　划分

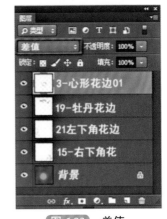

图 6.23　差值

　　第七步：在图层面板上选中"背景"层（单击定位），如图 6.25 所示，到工具箱单击"渐变工具" ，工具选项栏设置如图 6.26 所示，在图像上拖对角线（或从上到下拖也行），用铜色填充，此时，我们看到由于底层颜色的变化，其上层与它产生的颜色融合效果也随之发生变化，如果我们再把上方每个图层的混合模式改变，融合效果也会改变。

　　第八步：在"图层"面板上，单击定位在"19- 牡丹花边"图层，将混合模式设置为"差值"，单击定位在"15- 右下角花"图层，将混合模式设置为"明度"；最终新的融合效果如图 6.27 所示。

图 6.24　融合效果图

单击定位

图 6.25　定位在"背景"层

①单击打开渐变拾色器

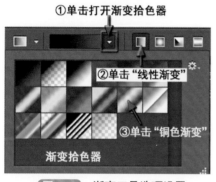

②单击"线性渐变"

③单击"铜色渐变"

渐变拾色器

图 6.26　渐变工具选项设置

图 6.27　新的融合效果

图层的混合模式也可以应用在照片上，下面两个案例就是应用更改图层的混合模式来调整照片的曝光度。

案例 6-2　用图层混合模式修复曝光不足的照片

第一步：打开"53 曝光不足 (1).jpg"照片，如图 6.28 所示。

第二步：我们前面已经介绍过，图层的混合模式不能作用在"背景"层，因此要复制一个图层；在"图层"面板上，拖移"背景"层至"创建新图层" 按钮上（拖移图层复制的方法如图 6.29 所示），生成"背景拷贝"层，如图 6.30 所示。

图 6.28　曝光不足 (1)

向下拖

"创建新图层"按钮

图 6.29　拖移复制图层

图 6.30　生成拷贝图层

131

第三步：将"背景拷贝"层的图层混合模式设置为"滤色"，如图 6.31 所示。

此时观察照片，明显加亮了许多，如果感觉还不够亮，可继续拖移"背景副本"层至"创建新图层"  按钮上，复制生成"背景拷贝 2"，如图 6.32 所示，此时，照片会变得更亮一些，效果如图 6.33 所示。

图 6.31	模式改"滤色"
图 6.32	再复制一层
图 6.33	照片加亮后效果

案例 6-3　用图层混合模式修复曝光过度照片

第一步：打开"55 曝光过度 (1).jpg"照片，如图 6.34 所示。

第二步：在"图层"面板上，拖移"背景"层至"创建新图层"  按钮上，生成"背景拷贝"层，如图 6.35 所示。

第三步：将"背景拷贝"层的图层混合模式改"正片叠底"，如图 6.36 所示。此时观察照片，明显变暗了许多，如果感觉还不够暗，可继续拖移"背景拷贝"层至"创建新图层"钮上，复制生成"背景拷贝 2"，此时，照片会变得更暗一些。

这两个案例介绍的调整照片亮度的方法都存在不足，调出来的照片没有层次感，光照也不匀，我们只是通过这两个案例让大家了解在混合模式中有变暗型的模式，也有变亮型的模式，关键是理解后能够灵活应用。

图 6.34	曝光过度 (1)
图 6.35	拖移复制图层
图 6.36	改为"正片叠底"

注意：在原照片上复制一模一样的图层也可执行"图层—新建—通过拷贝的图层"命令按（或按"Ctrl ＋ J"），它等同于将图层拖移至"创建新图层"  按钮上，但生成的是"图层 1"。

案例 6-4 用更改图层混合模式制作素描

第一步：打开"39 抠发素材 01.jpg"照片，如图 6.37 所示，执行"图像—调整—去色"命令（或按"Ctrl + Shift + U"），将照片变成黑白照片，如图 6.38 所示。

第二步：在"图层"面板上，拖移"背景"层至"创建新图层"  按钮上，生成"背景拷贝"层，如图 6.39 所示。

图 6.37 抠发素材 01 照片

图 6.38 黑白照片

图 6.39 复制图层

第三步：定位在"背景拷贝"层，执行"图像—调整—反相"命令（或按"Ctrl + I"），将照片变成胶片状，如图 6.40 所示。

第四步：将"背景拷贝"层的图层混合模式改变成"线性减淡"，此时照片成为纯白色，如图 6.41 所示。

第五步：执行"滤镜—模糊—高斯模糊"命令，在"高斯模糊"对话框中调节半径为10，如图 6.42 所示，单击"确定"，一张素描完成了，效果如图 6.43 所示。

图 6.40 反相为胶片状

图 6.41 线性减淡效果

图 6.42 高斯模糊对话框

6.3 图层的基本操作

对图像文件的编辑处理是在对应的图层中完成的，因此，对图层的创建、复制、删除、锁定、调整图层顺序以及链接等操作，就成了初学者首先要掌握的基本内容。下面分别介绍这些图层的基本操作方法。

6.3.1 创建新图层

打开"05 宝贝 1.jpg"照片，如图 6.44 所示。

方法一：单击"图层"面板中的"创建新图层"  按钮，即可创建一个新的图层，名称为"图层 1"，该图层是完全透明的，是个空图层，如图 6.45 所示。

方法二：执行"图层—新建—图层"命令，会弹出"新建图层"对话框，如图 6.46 所示，在名称栏里默认的是"图层 1"，单击"确定"即可。

方法三：在"图层"面板上单击菜单按钮 ▼≡（在右上角），在展开的菜单中单击"新建图层"，也会弹出图 6.46 所示对话框，单击"确定"。

图 6.43　素描效果

图 6.44　宝贝 1

图 6.45　单击创建新图层

图 6.46　"新建图层"命令对话框

6.3.2 图层的复制

对一个图层中的内容进行复制，最简单的办法就是图层的复制。图层的复制可以在同一图像文件中进行，也可以在不同图像文件之间进行。

（1）同一图像文件中复制图层的方法。

方法一：在"图层"面板上，拖移"背景"层至"创建新图层"  按钮上，生成"背景拷贝"层，该层的内容与"背景"层完全一样，相当于复制一个图层，如图 6.47 所示。

方法二：在"背景"层上右击，会弹出菜单，如图 6.48 所示，在菜单上单击"复制图层"命令，会弹出"复制图层"对话框，在对话框中单击"确定"即可，它在"图层"面板上产生的效果和图 6.47 一样。

（2）选区范围的图层复制。

选区范围的图层复制是指将该图层的局部内容划分出选区，然后单独复制出一层来，下面用一个案例进行讲解。

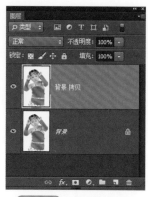

图 6.47　图层复制后

图 6.48　右击菜单

💡 **案例 6-5**　拼合照片

第一步：打开"05 宝贝 1.jpg"照片，用"快速选择工具" ![icon]，将白色区域设置为选区，再执行"选择—反向"命令（或按"Ctrl ＋ Shift ＋ I"），将人物设置为选区，如图 6.49所示。

第二步：在工具选项栏单击"调整边缘" ![调整边缘...] 按钮，会弹出"调整边缘"对话框，如图 6.50 所示，在这个对话框窗口里适当设置一下"羽化"值，目的是让边缘不生硬；例如在"羽化"栏输入 3，然后单击"确定"。

第三步：执行"图层—新建—通过拷贝的图层"命令（或按"Ctrl ＋ J"），将所选中的人物在"图层"面板上单独复制出一层（图层 1）来，如图 6.51 所示。

此时，我们观察"图层"面板上的缩览图，在"图层 1"中，除人物为实体外，其余都是透明的。这样的图层对照片拼合效果很好。

第四步：打开"17 儿童模板 004.psd"模板，如图 6.52 所示，用"移动工具" ![icon]将"05宝贝 1.jpg"照片上的"图层 1"拖移到儿童模板 004 上，如图 6.53 所示。

图 6.49　人物为选区

图 6.50　"调整边缘"对话框

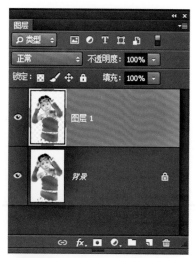

图 6.51　"图层 1"为单独人物

图 6.52　儿童模板 004

图 6.53　尺寸差异大的拼合效果

由于两个图像尺寸大小差异比较大，儿童模板 004 的尺寸比宝贝照片的尺寸大得多，因此拖移过去后显得很小。

第五步：执行"编辑—自由变换"命令（或按"Ctrl ＋ T"），左手按下"Alt ＋ Shift"键，鼠标拖移变换框顶角上的控制点，进行等比例放大，大小合适后按回车键去掉变换框，继续用"移动工具" 将宝贝移放合适，最终效果如图 6.54 所示。

注意："Ctrl ＋ T"用过后，一定要按回车键，去掉八个节点的变换框，否则会影响后面的操作。

第六步：执行"图层—合并可见图层"命令，将图层合并为一层，再执行"文件—存储为"命令，将最终拼合效果图像进行保存。

图 6.54　最终拼合效果

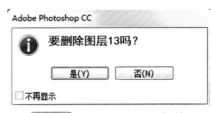

图 6.55　删除图层提示对话框

（3）在不同图像文件之间复制图层。

方法：直接用"移动工具" 将一幅照片的某个图层内容（或某一个选区内容）拖移到另一幅照片上，这个操作就是"案例 6.5"的"第四步"。

6.3.3　删除图层

方法一：在"图层"面板中，选中需要删除的图层，单击"图层"面板下方的"删除图层" 按钮，会弹出"删除图层"提示对话框，如图 6.55 所示，单击"是"即可删除该图层。也可以在删除对话框中将"不再显示"选项勾选，再单击"是"，这样以后就不会再弹出这个对话框了。

方法二：选中需要删除的图层右击，在弹出的菜单中选择"删除图层"命令，会得到与"方法一"同样的结果。

方法三：点住需要删除的图层，将其拖移至"删除图层" 按钮上，可直接删除该图层，不会出现提示对话框，这种方法最便捷。

6.3.4　调整图层顺序

在"图层"面板中，由于最上层图层中不透明区域总是遮盖下方的图像内容，因此要想将下层的图像显示出来，就需要调整图层的排列顺序。

操作方法是：选中需要调整顺序的图层，用鼠标左键点住它，将它拖移到目标位置后释放鼠标，即可将该图层调整到指定位置（第三章案例 3-6 "第八步"有讲解）。

6.3.5　链接图层

链接图层：利用图层链接功能，可以方便地对链接的多个图层同时进行移动、缩放和旋转等操作，并能将链接的多个图层内容同时复制到另一个图像窗口中。

操作方法：以"16 儿童模板 003.psd"为例，按照图 6.56 所示步骤顺序操作，①单击选中"图层 14"，②按下"Ctrl"键单击"图层 18"（相邻的两个图层也可以按"Shift"键单击），这样两层都同时被选中，③单击"链接图层" 🔗 按钮，此时在"图层 14"和"图层 18"会出现🔗图标，如图 6.57 所示，表示选取的图层已经被链接；再次单击🔗按钮，即可取消图层之间的链接。

图 6.56　链接步骤

图 6.57　链接后图层

6.3.6　图层的合并

合并图层是将一些不再需要改动的图层合并为一个图层，以减少文件的数目及存储容量，提高图像处理的运算速度。

合并图层(E)	Ctrl+E
合并可见图层	Shift+Ctrl+E
拼合图像(F)	

执行"图层—合并可见图层　Shift+Ctrl+E"命令。

① 合并图层：是将选中的图层合并，如果没有选中，"合并图层"会变成"向下合并"，也就是说将当前图层与它下方一层进行合并（两层之间的合并）。

② 合并可见图层：是将图像中所有显示的图层（即有眼睛图标的图层）合并。

③ 拼合图像：是将所有显示与隐藏的图层都合并，并在合并的过程中丢弃隐藏的图层（即没有眼睛图标的图层），在丢弃隐藏图层时，系统会弹出对话框，如图 6.58 所示，单击"确定"按钮，最终生成"背景"层。

图 6.58　删除"隐藏"图层提示

6.3.7 重命名图层

重命名图层是在图层较多的情况下，更改图层的名称，方便于图层管理，也可方便地查找需要选择的图层。

更改方法是：

方法一：在"图层"面板上选中需要更改名称的图层，执行"图层—重命名图层"命令，图层变成一种改写状态，如图6.59所示，直接输入名称，按回车键，或鼠标在图层任意位置单击一下。

方法二：在"图层"面板上选中需要更改属性的图层，双击该图层的名称（要双击到"图层13"这几个字上），会变成一种改写状态，将原来"图层13"改为"大宝贝"，然后按回车键即可，如图6.60所示。

图 6.59 图层改写状态

图 6.60 更改为"大宝贝"

6.4 图层样式

所谓图层样式，就是多种图像效果的组合，它能够将平面图形转化为具有材质和光线效果的立体图形。Photoshop CC 提供了多种图像效果，如"阴影"、"发光"、"斜面浮雕"等多种图层样式，这些图层样式的设置都非常简单，执行"图层—图层样式—……"命令，或单击"图层"面板命令按钮中"添加图层样式" [fx] 按钮，在弹出的菜单（如图6.61所示）中选择一种图层样式。

"图层样式"不能作用在"背景"图层和被锁定的图层。

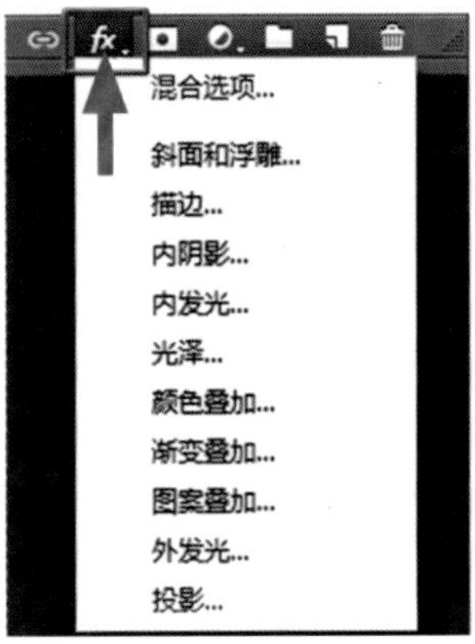

💡 **案例6-6** 给图层添加图层样式

第一步：打开"04 儿童模板 001.psd"模板，如图6.62所示，这是个多图层的模板，其"图层"面板如图6.63所示。

第二步：在"图层"面板上，单击"树"图层，执行"图层—图层样式—投影"命令（或单击 [fx] 按钮，在弹出的菜单上单击"投影"），会弹出"图层样式"对话框，如图6.64所示。在对话框中我们看到，左边的"投影"复选框被勾选，右半边是有关"投影"的各种选项设置。设置"不透明度"为75，"距离"为28，"扩展"为30，"大小"为16，边拖滑块调整，边观察图像上"树"的投

图 6.61 图层样式菜单

影效果，单击"确定"。如图 6.65 所示。

图 6.62　儿童模板 001

图 6.63　图层面板

图 6.64　图层样式—投影对话框

图 6.65　树上有了投影效果

　　第三步：在"图层"面板上，双击"椅子"图层，在弹出的"图层样式"对话框中，①单击"斜面和浮雕"，②单击"样式"下拉列表，选择"枕状浮雕"，③拖移滑块设置，如图 6.66 所示，设置时要观察椅子的立体感效果，单击"确定"。

　　"深度"为 123，"大小"为 70，"软化"为 6；在"图层"面板上也看到了"椅子"图层增加了效果，如图 6.67 所示。

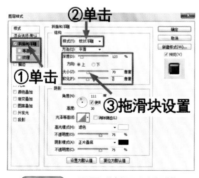

图 6.66　设置"斜面和浮雕"

图 6.67　图层面板上"效果"

操作技巧如下。

　　（1）在"图层"面板，给哪一层增加图层样式，鼠标直接双击该图层或双击该图层的缩览图（注：不要双击到该图层的名称上，双击图层的名称，表示要更改图层的名称），即可打开"图层样式"对话框，在该对话框中，单击左边"投影"、"斜面和浮雕"或"颜色叠加"

等，单击哪一种样式，右半边即可显示该种样式的各种选项设置内容。勾选某个样式效果，不一定会打开该样式相关的设置选项。

（2）设置完一种样式，不必立即单击"确定"关闭对话框，若还想选择另一种样式，可再单击左边"外发光"、"斜面和浮雕"或"描边"等，继续添加样式。

（3）如果想取消图层某种样式，可将该样式选框中的勾单击去掉。

例如：继续前面的操作。

第四步：在"图层"面板上，双击"椅子"图层，弹出"图层样式"对话框，① 单击"颜色叠加"；② 单击颜色块，会弹出"拾色器"对话框，选择咖啡色；③ 调"不透明度"，调到 70，如图 6.68 所示。

第五步：在"图层样式"对话框中单击左边的"描边"，右边变成"描边"设置选项，① 单击"描边"；② 在"大小"文本框中输入 20；③ 单击颜色块，会弹出"拾色器"对话框，选择黑色，如图 6.69 所示，最后单击"确定"。

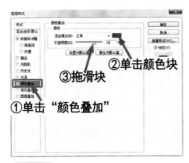

图 6.68　"图层样式—颜色叠加"

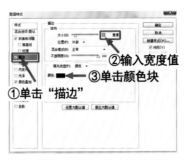

图 6.69　"图层样式—描边"

被设置过图层样式的图层都会有 *fx* 标记，如图 6.70 所示。用过"图层样式"后效果如图 6.71 所示，树有了投影效果，椅子有了立体感，且颜色也被改变了，还描了黑色的边。

图 6.70　"图层"面板

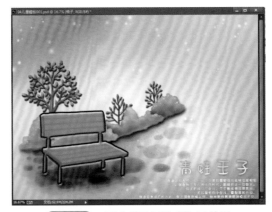

图 6.71　用过"图层样式"后效果

案例 6-7　制作文字卡片

第一步：将工具箱中的前景色设置为黄色，背景色为黑色，如图 6.72 所示。按"Ctrl ＋ N"，新建宽度 35 厘米，高度 20 厘米，分辨率 200 像素 / 英寸，RGB 颜色模式、背景内容选择"背景色"的黑色底的空白画布，如图 6.73 所示。

第二步：在工具箱单击"横排文字工具" T，如图 6.74 所示；在工具选项栏设置字体为

"华文行楷",字体大小输入"200"点,颜色取"黄色"(一般默认为前景色),如图6.75所示。在黑色画布单击一下,会出现一条竖的光标线在闪动,此时可以输入"老年大学"四个字。输入完后到工具箱单击"移动工具" ,将四个字拖移到画布的中间,如图6.76所示。

图 6.72　前、背景色　　　图 6.73　黑色底空白画布　　　图 6.74　横排文字工具

输入200

单击扩展按钮选择"华文行楷"字体

图 6.75　"横排文字工具"的工具选项栏设置

第三步:在"图层"面板上增加了一个"老年大学"的文本图层,如图6.77所示,双击该图层,会弹出"图层样式"对话框,在对话框中,①单击"斜面和浮雕",②设置"样式"为"枕状浮雕",③"深度"为200,"大小"为15,"软化"为4,"角度"为135,如图6.78所示;其余参数边设置边观察文字效果。

图 6.76　文字输入后效果

图 6.77　图层面板

第四步:给文字描边,还是在"图层样式"对话框中,①左边单击"描边",②在右半边设置"大小"为8(宽度值),③单击颜色块,将颜色设置为红色,如图6.79所示,单击"确定"。最终效果如图6.80所示。感觉黑色底太单调了,可继续作下面的操作。

第五步:打开"27黑色底板及花边文字.psd"模板,如图6.81所示,在"图层"面板上,先单击"13-依恋红心04"图层,将其选中,再按下"Shift"键单击"10-依恋01"图层,这样同时选中4个图层,如图6.82所示,这是一组"依恋"组合图层。工具箱单击"移动工具" ,将4个图层拖到"老年大学"画布的左上方,如果大小不合适,可执行"编辑—自由变换"命令(或按"Ctrl + T"),将"依恋"组合进行缩放。拼合效果如图6.83所示。

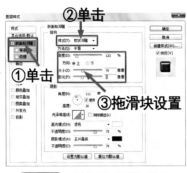

②单击
①单击
③拖滑块设置

图 6.78　"斜面和浮雕"设置

②输入宽度值
③单击颜色块
①单击"描边"

图 6.79　"描边"设置

图 6.80　文字用过图层样式后效果

图 6.81　"黑色底板及花边文字"模板

选中4个图层

图 6.82　选中 4 个图层

图 6.83　"依恋"组合拼合效果

图 6.84　选中 16-LOVE 图层

第六步：将"黑色底板及花边文字 .psd"模板激活，在"图层"面板上，单击选中"16-LOVE"图层，如图 6.84 所示，用"移动工具" ，将该图层拖到"老年大学"画布的右下方，效果如图 6.85 所示。

第七步：用同样的方法，选中"23- 枫叶"图层，将它拖到"老年大学"画布上，这个枫叶太大了，按"Ctrl ＋ T"将它缩小，放在"学"字的上方，按下"Alt"键再拖移复制出两个枫叶，三个枫叶在"图层"面板上为三个图层，可将三个图层都选中，按下"Alt"键拖移复制到左下方，再执行"编辑—变换—水平翻转"命令，效果如图 6.86 所示。

第八步：先将"黑色底板及花边文字 .psd"模板关闭，在"图层"面板单击选中"背景"层，工具箱单击"画笔工具" ，将前景色设置为湖蓝色，工具选项栏设置如图 6.87 所示，① 单击"画笔预设"选取器；② 单击菜单按钮；③ 在弹出的菜单中单击"载入画笔"。本案例载入一组"韩国 PS 画笔 -25"笔刷，笔刷载入的方法在前面第 4 章"4.4.1.4 画笔笔刷追加与载入"小节中讲过，在此不再重复；④单击选择"195"笔刷形状，在"老年大学"画布右上角两个不同的位置分别单击一次；⑤拖方向指针，成为水平翻转，再到左下角单击两次，最终效果如图 6.88 所示。

图 6.85　LOVE 拼合效果

图 6.86　枫叶拼合效果

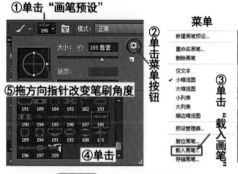

图 6.87　工具选项栏设置

图 6.88　最终完成效果

第九步：执行"文件—存储"命令（或按"Ctrl + S"）将制作好的卡片保存好。

注意：保存时"保存类型"可选 .JPG，这表示图层自动合并为一层，今后打开没有修改的机会。也可选择 .PSD，带图层保存，文件存储容量会比较大，但今后打开还有修改的机会。

这个案例可以帮助我们学会制作一些贺卡、标牌等。

6.5　图层蒙版

蒙版是 Photoshop 中一种非常重要且神奇的功能，通过编辑蒙版，使蒙版中的图像发生变化，可以使该图层中的图像与其他图层中的图像之间混合效果发生相应的变化。蒙版常用在图像拼合上，主要是利用它显示和隐藏的特性来得到特殊的效果。

Photoshop 中存在很多种蒙版类型，其中较为常用的有剪贴蒙版、矢量蒙版、图层蒙版及快速蒙版。

6.5.1　剪贴蒙版

（1）什么是剪贴蒙版。剪贴蒙版并不是一个特殊的图层类型，而是一组具有剪贴关系的图层名称，剪贴蒙版最少包括两个图层。常用于制作类似镂空（镶嵌）的显示效果。

（2）剪贴蒙版的组成。剪贴蒙版主要由两部分组成，即基层和内容层。基层位于整个剪贴蒙版底部，而内容层则位于剪贴蒙版中基层的上方。内容层可显示的区域取决于其下方的

"基层"图层所具有的形状。也就是说剪贴蒙版的作用就是通过一个图层来限制另一个图层的显示方式。

（3）剪贴蒙版的制作方法。

案例 6-8 利用剪贴蒙版制作镶嵌效果的照片

第一步：打开"17 儿童模板 004.psd"图像，如图 6.89 所示，在"图层"面板单击"创建新图层" 按钮，生成"图层 13"，这是一个完全透明的空图层，并且"图层 13"是当前的作用层，如图 6.90 所示。

图 6.89 儿童模板 004

单击创建"图层13"

图 6.90 "图层"面板

第二步：工具箱单击"椭圆选框工具" ，画一椭圆选区，按"Alt ＋ Delete"键（或执行"编辑—填充"命令），表示用工具箱前景色填充选区，如图 6.91 所示，按"Ctrl ＋ D"键（或执行"选择—取消选择"命令）将虚线取消掉，我们把"图层 13"当做剪贴蒙版中的"基层"。此时，我们从"图层"面板上看到"图层 13"的缩览图里有一个黑色的椭圆点。

注意：① 选区用什么颜色填充都可以。

② 选区填充完后一定要将虚线取消掉。

第三步：打开"08 宝贝 4.jpg"照片，如图 6.92 所示，工具箱单击"移动工具" 将人物（宝贝）拖移至"儿童模板 004"上，生成"图层 14"，将宝贝拖移到椭圆上，但太小了，执行"编辑—自由变换"命令（或按"Ctrl ＋ T"），配"Alt ＋ Shift"键用鼠标拖移变换框顶角上的控制点，将"宝贝 4"放大后（一定要比椭圆大，完全遮盖住椭圆，不能留出椭圆的黑色）按回车键，去掉变换框，如图 6.93 所示。此时在"图层"面板上，"图层 14"位于"图层 13"的上方，我们把"图层 14"当做剪贴蒙版中的"内容层"。

图 6.91 画一个椭圆选区并填充

图 6.92 "宝贝 4"照片

第四步：执行"图层—创建剪贴蒙版"命令（或按"Ctrl + Alt + G"），"图层14"变为一个剪贴蒙版，它的内容蒙盖了"图层13"，如图6.94所示，照片就像镶嵌进去一样。

图 6.93 宝贝放大后遮盖住椭圆

图 6.94 应用剪贴蒙版效果

注意：① 创建剪贴条件，一定要让"内容层"在上，"基层"在下，且这两层之间不能夹杂其他图层，如图6.95所示。

② 基层可以靠新建一个空图层来创建，但不能是纯空的透明图层，里面一定要有实心的内容（即有一个形状，再填充一种颜色）。

③ 创建"剪贴蒙版"的快捷方式有两种，除了按"Ctrl + Alt + G"键外，还可以按下"Alt"键在"图层"面板上单击基层与内容层两层之间的线（此时鼠标移到线上，笔刷会变成向下剪贴的箭头形状 ），如图6.96所示。

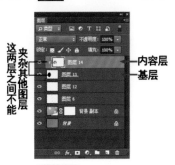

图 6.95 位置要求

图 6.96 快捷方法

案例 6-9 制作茶道广告

第一步：打开"49绿色画板 .jpg"照片，如图6.97所示。在"图层"面板上单击"创建新图层"按钮，生成"图层1"。

第二步：工具箱单击"画笔工具"，设置前景色为黑色，在工具选项栏设置笔刷大小为300、柔角（硬度为0），画出不规则的形状来，如图6.98所示，"图层"面板如图6.99所示，"图层1"缩览图里有实心的形状。

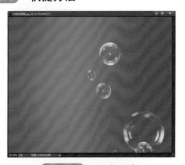

图 6.97 绿色画板

注意：画不规则的形状时，中间要严实，不要留有空心的缝隙。

第三步：打开"22古画 .jpg"照片，如图6.100所示，用"移动工具"将"古画"照片内容拖移到"绿色画板"照片上，由于两张照片的尺寸不一样，"绿色画板"尺寸较大，所以拖过来后，"古画"照片显得有点小，没有遮盖住画出来的形状，要按"Ctrl + T"（或执行"编辑—自由变换"命令）对古画进行放大，使其完全遮盖住下面不规则的形状，按回车键，去掉变换框，如图 6.101 所示。

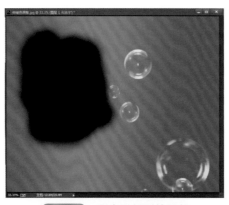

图 6.98　画出不规则的形状

图 6.99　"图层"面板

图 6.100　"古画"照片

图 6.101　让古画遮盖住形状

　　第四步：将"22古画.jpg"照片关闭。看"图层"面板，如图 6.102 所示，增加了"图层 2"（注意："图层 2"一定要在"图层 1"的上方）。定位在"图层 2"，执行"图层—创建剪贴蒙版"命令（或按下"Alt"键，在图层面板上单击"图层 2"和"图层 1"的分界线），使"古画"镶嵌进形状中去，如图 6.103 所示，此时拖移古画，使其显示一个合适的画面。

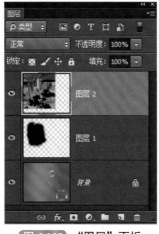

图 6.102　"图层"面板

图 6.103　剪贴效果

第五步：打开"12 茶具抠图 .psd"照片，如图 6.104 所示，这是一幅已经将茶具抠图完成的照片，它"图层"面板有两个图层，其中"图层 1"是茶具，如图 6.105 所示，直接用"移动工具"，将茶具拖移到"绿色画板"照片上。

图 6.104 "茶具抠图"照片

图 6.105 茶具图层

第六步：拖到"绿色画板"照片上的茶具被自动镶嵌到剪贴蒙版里，隐藏了，此时，在"图层"面板上有个"图层 1"就是茶具，要将这一层的剪贴蒙版释放掉，右击该图层，如图 6.106 所示，在弹出的菜单中单击"释放剪贴蒙版"，茶具被显示出来了。执行"编辑—自由变换"命令（或按"Ctrl ＋ T"）将茶具适当地放大并移放合适，按回车键去掉变换框，茶具拼合效果如图 6.107 所示。

图 6.106 右击菜单

图 6.107 茶具摆放位置

第七步：在工具箱单击"直排文字工具" ，在工具选项栏设置字体为"经典繁淡古"（注意：只有安装过方正字库的电脑才有这种字体），字体大小为 120 点，颜色为白色，如图 6.108 所示，在"绿色画板"照片右上方单击，输入"茶道"两个字，并用"移动工具" 将字体拖移放合适，如图 6.109 所示。

| ↓T ▾ | ↓T | 经典繁淡古 | ▾ | ↑T 120 点 | ▾ | ᵃaᵃ 无 | ▾ | ᵐᵐᵐ ᵐᵐᵐ ᵐᵐᵐ ᵐᵐᵐ |

图 6.108 文字工具的工具选项栏设置

第八步：如果想更换底色，可在图层面板上定位在"背景"层，如图 6.110 所示，在工具箱单击"渐变工具" ，在工具选项栏打开"渐变拾色器"，单击"铜色渐变"，如图 6.111 所示，在"绿色画板"照片上拖对角线，效果如图 6.112 所示。

第九步：茶道广告制作完成，最后执行"图层—合并可见图层"命令，将图层合并为一层（"背景"层）；再执行"文件—存储为"命令，将制作好的广告保存好。

图 6.109　写字后效果

图 6.110　定位在背景层

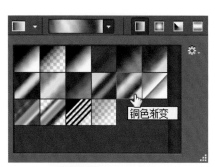

图 6.111　渐变拾色器

图 6.112　更换底色后效果

6.5.2　矢量蒙版

矢量蒙版是通过钢笔工具或形状工具创建的蒙版，与分辨率无关。矢量蒙版可在图层上创建锐边形状，无论何时需要添加边缘清晰分明的设计元素，都可以使用矢量蒙版。矢量蒙版就是形状蒙版。矢量蒙版的制作方法可用一个例子来讲解。

案例 6-10　用矢量蒙版点缀照片

第一步：打开"41 拉布拉多狗 .jpg"照片，如图 6.113 所示。在"图层"面板上单击"创建新图层"按钮，新建"图层 1"，如图 6.114 所示。

第二步：工具箱设置前景色为白色，按"Alt + Delete"键（或执行"编辑—填充"命令）用白色填充，此时照片都被白色遮挡。

第三步：执行"图层—矢量蒙版—隐藏全部"命令，在"图层"面板上，"图层 1"被添加了一块灰色的矢量蒙版，如图 6.115 所示，此时狗的照片被完整显示出来了。

第四步：工具箱单击"自定形状工具"，如图 6.116 所示，这个工具的工具选项栏内容相对复杂一些，设置时要按图 6.117 所示的顺序操作。

① 单击选择"路径"，这里面有三个选项，通常默认是"形状"；
② 单击打开"形状拾色器"；
③ 在"形状拾色器"中单击"草 2"其实是小草的图案。

到照片的左下方按下左键拖移画出白色的小草，多画一些，且要画的大小不一，如图 6.118 所示。

图 6.113 拉布拉多狗

单击创建"图层1"
图 6.114 创建图层 1

图 6.115 矢量蒙版

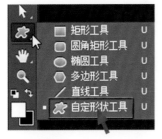
图 6.116 自定形状工具

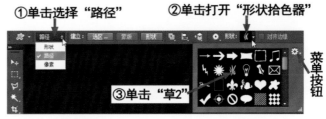
①单击选择"路径"　②单击打开"形状拾色器"
③单击"草2"　菜单按钮
图 6.117 "自定形状工具"的工具选项栏

第五步：在工具选项栏打开"形状拾色器"，单击"形状拾色器"菜单按钮![icon]，在弹出的菜单中单击"形状"，会弹出提示对话框，单击"追加"，这样在"形状拾色器"中就增加了一组"形状"图案，如图 6.119 所示。

图 6.118 画出白色的小草

五角星　新月
图 6.119 "形状"追加后

注意：Photoshop 软件提供了多组形状，单击"形状拾色器"菜单按钮![icon]，会弹出菜单，在菜单的下半部分有 17 组形状，追加的方法同第 4 章里学的追加"图案"、追加"渐变"及追加"样式"一样，但要注意一点，追加的太多了会影响 Photoshop 软件运行的速度，因此，形状用完后要在"形状拾色器"菜单中单击"复位形状"。

第六步："形状拾色器"中单击"新月"形状，到照片的左上方拖移画出一个月亮（最好按下"Shift"键画月亮，这样画出来比较端正）。再到"形状拾色器"中单击"五角星"形状，在月亮的周边画出大小不一的星星，这张照片点缀完成，效果如图 6.120 所示。

图 6.120 月亮星星效果图

"形状工具组"，如果在工具选项栏设置"形状"，在图层面板上会生成"形状图层"，我们可用它来做"基层"，这样可将各种形状应用于剪贴蒙版中，会给照片镶嵌出各种不同的效果。

　　🔖 **案例 6-11**　用自定形状工具与剪贴蒙版合成照片

　　第一步：打开"49 绿色画板 .jpg"照片，如图 6.121 所示。

图 6.121　绿色画板

　　第二步：到工具箱单击"自定形状工具"🌸，工具选项栏设置如图 6.122 所示，① 单击选择"形状"；② 单击打开"形状拾色器"；③ 在"形状拾色器"中单击"圆形"形状，在"绿色画板"的左上方画一个椭圆，此时在图层面板上会自动增加一个"形状 1"图层，如图 6.123 所示。这个"形状 1"图层可用作剪贴蒙版的"基层"。

　　注意：① 如果没有"圆形"形状图案，要单击"形状拾色器"菜单按钮⚙，追加"形状"组。

　　② 画椭圆时颜色不受局限，什么颜色都可以，一般默认是工具箱的前景色。

　　第三步：打开"63 狮子狗 .jpg"照片，如图 6.124 所示，工具箱单击"移动工具"▶✛，将狮子狗拖移至"绿色画板"中的黑色椭圆上，按"Ctrl ＋ T"（或执行"编辑—自由变换"命令），调整好"狮子狗"照片大小，使其完全遮盖住下方的椭圆，按回车键，去掉变换框，如图 6.125 所示。此时我们观察图层面板增加了"图层 1"。关闭"狮子狗"照片。

①单击选择"形状"　　　　　　　　　　　　②单击打开"形状拾色器"

③单击"圆形"

图 6.122　"自定形状工具"的工具选项栏设置

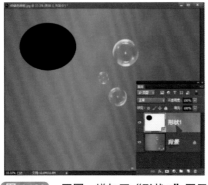

图 6.123　画圆，增加了"形状 1"图层

图 6.124　狮子狗

　　第四步：定位在"图层 1"（注："图层 1"要在"形状 1"的上方，且两层之间不能夹

杂有其他图层）。按下"Alt"键，单击"图层 1"和"形状 1"两个图层之间的分界线（或执行"图层—创建剪贴蒙版"命令），使狮子狗镶嵌进椭圆中，效果如图 6.126 所示。此时，我们观察"图层"面板上的"形状 1"名称下面加了一条下划线，"图层 1"缩览图的左边出现一个向下的箭头，表示这两个图层产生了一种剪贴关系。

图 6.125　狮子狗遮盖住下方的椭圆

图 6.126　狮子狗镶嵌效果

第五步：继续用"自定形状工具" ✿ ，在工具选项栏的"形状拾色器"中，单击"红心形卡"形状，如图 6.127 所示，画一个心形，如图 6.128 所示，此时，"图层"面板上自动增加了一层"形状 2"。

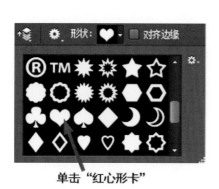

单击"红心形卡"

图 6.127　单击"红心形卡"

图 6.128　画出心形

第六步：打开"31 花斑狗 .jpg"照片，如图 6.129 所示，用"移动工具" ▶✛将两只狗拖移至"绿色画板"中，拖放在心形上，按"Ctrl ＋ T"调整好大小，要大于心形形状，如图 6.130 所示，按回车键去掉变换框；此时图层面板上又增加了"图层 2"，并且它在"形状 2"图层的上方。关闭"31 花斑狗"照片。

第七步：定位在"图层 2"，按下"Alt"键，单击"图层 2"和"形状 2"两个图层之间的分界线（或执行"图层—创建剪贴蒙版"命令），使花斑狗镶嵌进心形中，用"移动工具" ▶✛将镶嵌进去的花斑狗拖放合适；效果如图 6.131 所示。

注意：① 在用"Ctrl ＋ T"调整大小时，有时要放大，有时要缩小，要根据画出的形状大小而定，只要让拖进来的照片完全遮盖住下方的形状就行。

② 每拖进一张照片图层都会增加一层，称为内容层，内容层一定要在基层的上方，且中间不能夹杂有其他图层。

图 6.129 花斑狗

图 6.130 花斑狗遮盖住下方心形

③ 在用"自定形状工具" 时，工具选项栏如果选择"形状"，那么每画一次，图层就会自动增加一层（形状图层），这对初学者来说很容易搞乱，画一个形状不合适，再画一个，东画一下，西画一下，图层会不断地增加，图层一乱，剪贴关系就无法生成。如果画坏了，可在"历史记录"面板上回退，也可在"图层"面板上删除多余的图层。

④ "基层"形状的大小及"内容层"的大小都可用"Ctrl＋T"来调整，但一定要先在"图层"面板上定好位后才能调整。例如，心形画得不够大，要单击"形状 2"图层，如图 6.132 所示，再进行大小的调整。要调整花斑狗的大小，"图层"面板要单击"图层 2"，如图 6.133 所示，再进行大小调整。位置不合适可用"移动工具" 拖移调整，也可按键盘上的方向键进行细微的调整。

图 6.131 心形镶嵌效果

图 6.132 单击"形状 2"

图 6.133 单击"图层 2"

第八步：继续用"自定形状工具" ，在工具选项栏"形状拾色器"中单击"八角星"，如图 6.134 所示，在"绿色画板"上画一个八角星，如图 6.135 所示，此时，在图层面板上又增加一个八角星的图层"形状 3"。

"八角星"形状是通过形状拾色器菜单中追加过"形状"后才会有的。

第九步：打开"45 猫二 .jpg"照片，如图 6.136 所示，用"移动工具" 将猫拖移至"绿色画板"中，生成"图层 3"（注："图层 3"要在"形状 3"的上方），按"Ctrl＋T"调整好大小，要大于八角星形状，按回车键去掉变换框，如图 6.137 所示。

第十步："图层"面板定位在"图层 3"，按下"Alt"键，单击"图层 3"和"形状 3"两个图层之间的分界线（或执行"图层—创建剪贴蒙版"命令），使猫镶嵌进八角星中，用"移动工具" 将镶嵌进去的猫拖放合适；效果如图 6.138 所示。

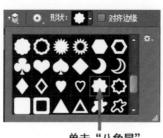

单击"八角星"

图 6.134　单击"八角星"

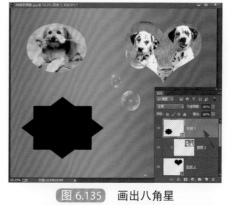

图 6.135　画出八角星

图 6.136　"猫二"照片

图 6.137　猫遮盖住下方八角星

第十一步：关闭"45 猫二 .jpg"照片，用"自定形状工具" ![icon]，在工具选项栏"形状拾色器"中，将"自然"形状组追加进"形状拾色器"面板中，单击"叶子 5"（是枫叶形状），在"绿色画板"中画出枫叶形状，如图 6.139 所示。

图 6.138　八角星镶嵌效果图

图 6.139　画出枫叶

第十二步：打开"41 拉布拉多狗 .jpg"照片，用"移动工具" ![icon]将拉布拉多狗拖移至"绿色画板"中，生成"图层 4"，按下"Alt"键，单击"图层 4"和"形状 4"两个图层之间的分界线（或执行"图层—创建剪贴蒙版"命令），使拉布拉多狗镶嵌进枫叶中，如图 6.140 所示，用"移动工具" ![icon]将镶嵌进去的狗拖放合适；最终镶嵌效果如图 6.141 所示。

第十三步：执行"图层—合并可见图层"命令（或按"Ctrl + Shift + E"）将图层合并为一层。再执行"文件—存储为"命令（或按"Ctrl + Shift + S"），将拼合好的图像另外起个名称保存好。

图 6.140 遮盖住下方的枫叶

图 6.141 最终镶嵌效果

注意：在用“自定形状工具”时，在工具选项栏的“形状拾色器”面板中选择形状时，尽量要用实心的形状，不要用空心的形状（如“画框”等），否则，剪贴效果会产生在边缘。

6.5.3 图层蒙版

6.5.3.1 什么是蒙版

图 6.142 蒙版作用的结果

蒙版其实就是利用黑白灰不同的颜色，对其下方图层图像实现不同程度的遮挡或显示，蒙版不仅仅是颜色，而且是表现为对图像需要隐藏区域的遮挡程度，作用结果如图 6.142 所示。在蒙版上能对图像进行更改而不损坏图像。

在“图层”面板上，单击“添加图层蒙版”按钮，添加的是白色蒙版，显示全部；按下“Alt”键单击“添加图层蒙版”按钮，添加的是黑色蒙版，隐藏全部（是个透明图层）。

6.5.3.2 怎样添加蒙版

案例 6-12 添加图层蒙版及了解图层蒙版的作用

第一步：打开“49 绿色画板 .jpg”照片，如图 6.143 所示，在“图层”面板上拖移“背景”层至“创建新图层”按钮上（拖移复制图层操作方法如图 6.144 所示），生成“背景拷贝”层，如图 6.145 所示（要把“图层”面板和“历史记录”面板打开）。

注：因为图层蒙版不能应用在“背景”层和被锁定的图层，所以在此要复制生成一个“背景拷贝”层。

图 6.143 绿色画板

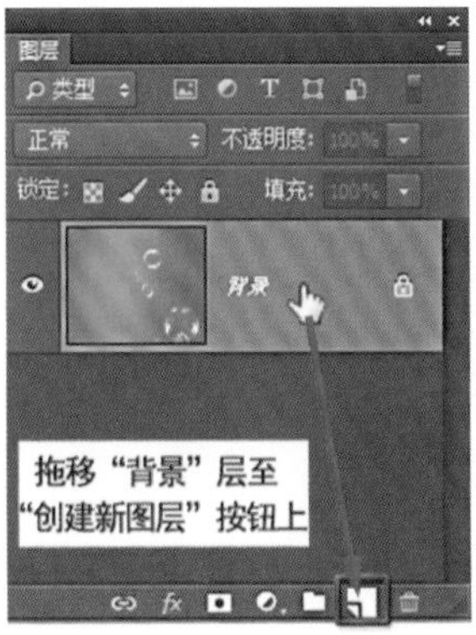

图 6.144 拖移复制图层

第二步：在"图层"面板上单击"背景"层，表示定位在"背景"层，如图 6.146 所示；工具箱单击"渐变工具" 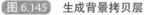，在工具选项栏打开"渐变拾色器"，选择"铜色渐变"块，在"绿色画板"上拖直线（或拖斜线），此时照片上没有任何变化，只有在"图层"面板上能看出"背景"层已被铜色填充，如图 6.147 所示。只有将"背景拷贝"层的眼睛 👁 单击关闭，让"背景拷贝"层隐藏后才能看出填充效果（单击眼睛关闭，但不要忘记再单击让它睁开，否则图层一直处于隐藏状态，无法操作）。

图 6.145　生成背景拷贝层

图 6.146　定位在背景层

图 6.147　渐变填充后

第三步："图层"面板上定位在"背景拷贝"层，在"历史记录"面板上创建"快照 1"，如图 6.148 所示。在"图层"面板上单击"添加图层蒙版" ◉ 按钮（也可以执行"图层—图层蒙版—显示全部"命令），这个蒙版是白色的，如图 6.149 所示，此时可以将"背景"层的眼睛 关闭，这幅图像没有任何变化，表明白色是不透明的。

第四步：在"历史记录"面板单击"快照 1"，回退到添加蒙版前一步。在"图层"面板上按下"Alt"键，单击"添加图层蒙版" ◉ 按钮（也可执行"图层—图层蒙版—隐藏全部"命令），这个蒙版是黑色的，如图 6.150 所示；此时可以将"背景"层的眼睛 👁 关闭（单击眼睛图标，可显示或隐藏该图层），看到"背景拷贝"层变成完全透明的，表明黑色是透明的。

图 6.148　历史记录面板

图 6.149　添加白色蒙版

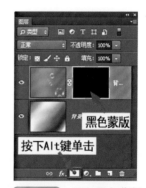

图 6.150　添加黑色蒙版

图 6.151 所示是添加了两种不同的蒙版后，在"背景"层眼睛都关闭的情况下，"绿色画板"照片显示的两种不同的效果。这更进一步说明了蒙版黑白的作用，白色表示不透明，无论是否将下一层（"背景"层）的眼睛关闭，都显示它自己，仍然是绿色画板内容。黑色表示透明，没有关闭下一层（"背景"层）眼睛时，它看到的是下一层的内容，即铜色的渐变，若关闭下一层（"背景"层）眼睛，显示的是透明网格状。

第五步：在"历史记录"面板上单击"快照1"，在"图层"面板上单击"添加图层蒙版" 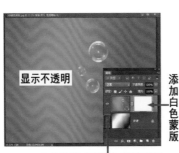 按钮，在"图层"面板上可以看出，"背景拷贝"层被添加了一块白色的蒙版，如图6.149所示。工具箱单击"椭圆选框工具" 在左上方画一个圆选区，按"Ctrl + Delete"键，用背景色填充（工具箱前景色为黑色，背景色为白色），白色填充后照片上没有任何变化，按"Ctrl + D"取消选区；在右上方画一个圆选区，按"Alt + Delete"键，用黑色填充，按"Ctrl + D"取消选区；在中下方画一个圆选区，执行"编辑—填充"命令，在弹出的"填充"对话框中选择"50％灰色"填充，如图6.152所示，按"Ctrl + D"取消选区，填充后的效果如图6.153所示。

图 6.151　两种不同图层蒙版的显示效果

图 6.152　图层蒙版上的显示

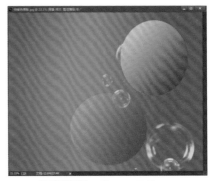

图 6.153　填充后的效果

为了更好地理解蒙版的含义，在"图层"面板上单击关闭"背景"层的眼睛，如图6.154所示，表示隐藏"背景"层，此时我们看到照片上显示的效果如图6.155所示。

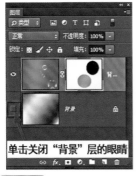

图 6.154　隐藏"背景"层

图 6.155　"背景拷贝"层显示效果

在蒙版状态下，白色表示不透明，所以照片的左上方仍然显示的是绿色；黑色表示透明，所以照片的右上方为一个全透明的圆洞，当"背景"眼睛睁开后，这个洞里显示的是

"背景"层的颜色；灰色表示半透明，所以照片中下方为一个半透明的圆洞，当"背景"眼睛睁开后，它显示的是朦朦胧胧的"背景"层颜色。

　　第六步：在"历史记录"面板上单击"快照 1"，在"图层"面板上单击"添加图层蒙版"  按钮，在"背景拷贝"层上添加了一块白色的蒙版。工具箱单击"画笔工具" ，如图 6.156 所示，此时工具箱前景色为黑色，背景色为白色。工具选项栏设置如图 6.157 所示，笔刷选择"散布枫叶"图案，大小为 300，到照片上拖移画枫叶，效果如图 6.158 所示。此时我们关闭"背景"层的眼睛，看到的效果如图 6.159 所示。

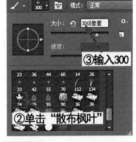

图 6.156　画笔工具

图 6.157　工具选项栏设置

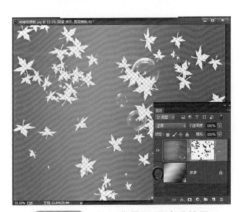

图 6.158　画出背景层颜色的枫叶

图 6.159　关闭背景层眼睛后效果

　　第七步：将工具箱前景色设置为白色，继续用"画笔工具" 画枫叶，照片上不但没画出枫叶，反而把前面画好的枫叶又还原回去了。

　　在蒙版状态下，"画笔工具" 起橡皮擦的作用。此时要注意工具箱的前、背景色，前景色为黑色时涂抹（按下左键拖移），可擦除本层显示的内容（擦除过的地方变透明）；前景色为白色时涂抹可找回被擦除的内容。这个作用很重要，我们在下面的案例中都有应用到，切换前、背景色快捷方法是按"X"键。

6.5.3.3　真蒙版、假蒙版的识别

　　在"图层"面板上创建好蒙版后，如果在操作中单击过其他图层的话，会将原来创建好的蒙版变成假蒙版，这样蒙版的作用就消失了，此时用"画笔工具" 去涂抹的话，反而会损坏原图。图 6.160 所示是真、假版两种状态，真蒙版白色的蒙版是双边框，表示蒙版被选中状态，假蒙版白色的蒙版是单线框，是未被选中状态，此时是"缩览图"被选中着。遇到假蒙版时，只要在蒙版上单击一下，选中它即可。

 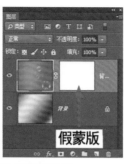

图 6.160 真蒙版假蒙版识别

图 6.161 雁荡山风景

案例 6-13 利用图层蒙版更换蓝天白云背景

下面介绍两种方法：

方法一：利用蒙版及画笔工具涂抹出蓝天白云

第一步：打开"78 雁荡山风景 .jpg"照片，如图 6.161 所示，在"图层"面板上拖移"背景"层至"创建新图层" 按钮上，生成"背景拷贝"层，如图 6.162 所示。

第二步：打开"42 蓝天白云 .jpg"照片，如图 6.163 所示，用"移动工具" 将"蓝天白云"拖移至"雁荡山风景"照片上，此时"图层"面板上增加了一层"图层 1"，如图 6.164 所示。关闭"42 蓝天白云 .jpg"照片。

图 6.162 复制图层

图 6.163 蓝天白云照片

图 6.164 增加图层 1

第三步：在"图层"面板上，调整图层顺序，将"背景拷贝"层拖至"图层 1"的上方，如图 6.165 所示，此时照片上蓝天白云被上面一个图层遮挡看不见了，只看到"雁荡山风景"。图层定位在"背景拷贝"层，单击"添加图层蒙版" 按钮，给"背景拷贝"层添加蒙版，如图 6.166 所示。

第四步：在工具箱单击"画笔工具" ，在工具选项栏设置笔刷为柔角（即"硬度"降为 0），用"[ ]"调整笔刷大小，设置前景色为黑色，在风景照片的天空处涂抹，遇到缝隙的地方要将笔刷缩小，也可以将照片放大后涂抹。此时"图层"面板上"背景拷贝"层的白色蒙版中显示出黑色的区域，如图 6.167 所示，黑色表示透明，像是挖了个洞，让下一层的内容显示出来。最终效果如图 6.168 所示。

如果"画笔工具"擦过头了，可将工具箱中前景色和背景色换一下（按 X 键可切换前、背景色），即前景色为白色，用"画笔工具"涂抹找回原图像。

图 6.165　调整图层顺序

图 6.166　添加图层蒙版

图 6.167　蒙版上黑色区域

注意：在"画笔工具"的工具选项栏上，适当地降低"不透明度"和"流量"，画出的蓝天白云会暗淡一些。

方法二：利用选区和添加蒙版显示蓝天白云

第一步：打开"78 雁荡山风景 .jpg"和"42 蓝天白云 .jpg"两张照片（不要让照片最大化显示），用"移动工具" ▶ 将"蓝天白云"照片拖移到"雁荡山风景"照片上，移放合适，如图 6.169 所示，在"图层"面板生成"图层 1"，如图 6.170 所示。

图 6.168　更换后最终效果

图 6.169　"蓝天白云"拖放位置

第二步：在"图层"面板上，①单击"背景"层，②将"图层 1"的眼睛关闭，如图 6.171 所示。此时，照片上蓝天白云被隐藏看不到了，只显示"雁荡山风景"照片。用"魔棒工具" 在照片天空地方单击一下，使天空生成选区。

图 6.170　生成"图层 1"

图 6.171　关闭图层 1 眼睛

图 6.172　添加蒙版

第三步：在"图层"面板上，①将"图层 1"的眼睛打开，②单击定位在"图层 1"上，如图 6.172 所示，此时，我们看到照片上仍有选区在，如图 6.173 所示。

图 6.173　仍有选区显示

图 6.174　添加蒙版后显示效果

第四步：执行"图层—图层蒙版—显示选区"命令，让选区部分显示出来，而其他部分隐藏起来（即挖空，变透明），这样下一层的内容（雁荡山风景）就被看到了，"图层"面板上的蒙版显示效果如图 6.174 所示。

注意：① 如果当前层或下一层有选区，在"图层—图层蒙版"的子菜单里有两个命令会被激活，即"显示选区"和"隐藏选区"命令，如图 6.175 所示，没有选区时，这两个命令是灰暗的。

② 针对选区添加图层蒙版也有个快捷操作，在"图层"面板上单击"添加图层蒙版" ◉ 按钮（如图 6.176 所示），得到的效果是"显示选区"；按下"Alt"键单击"添加图层蒙版" ◉ 按钮，得到的效果是"隐藏选区"。

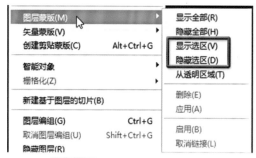

图 6.175　"图层"菜单显示

图 6.176　单击"添加图层蒙版"按钮

案例 6-14　给集体照添加人

第一步：打开"01 个人照片 .psd"照片（以下简称"个人"照片）和"02 同学合影 .jpg"照片（以下简称"合影"照片），如图 6.177 和图 6.178 所示。其中个人照片中的人物已经抠图完成，并单独复制出一个图层了（"图层 1"）。

第二步：在"个人"照片中的"图层"面板上，定位在"图层 1"，用"移动工具" ⬆ 将人物拖移至"合影"照片上，"合影"照片的"图层"面板上增加了一个"图层 1"，如图 6.179 所示。

注意：在两张照片相互拼合时，有时会出现"粘贴配置文件不匹配"对话框，在这个对话框中，① 单击勾选"不再提示"选项；② 单击"确定"，如图 6.180 所示。

图 6.177　个人照片

图 6.178　同学合影

　　第三步：由于人物拖过去后，非常小，执行"编辑—自由变换"命令（或按"Ctrl＋T"），将人物放大至合适，并拖移放在合适的位置，如图 6.181 所示（第一排的左边，让新添加进去人物的手臂压在她旁边人物的手臂上），按回车键去掉变换框。

图 6.179　增加图层 1

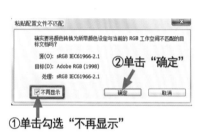

①单击勾选"不再显示"

②单击"确定"

图 6.180　拼合提示对话框

图 6.181　放大后位置

　　第四步：先关闭"01 个人照片 .psd"照片。在"合影"照片的"图层"面板上单击"添加图层蒙版" ▣ 按钮，给"图层 1"添加了一块白色的蒙版，如图 6.182 所示。

　　第五步：在工具箱单击"画笔工具" ✎，将笔刷设置为柔角（注意，此时工具箱前景色为黑色，背景色为白色），用中括号键"[ ]"调整好笔刷大小，在新加进的人物与另一位人物胳膊重叠部分擦除，如图 6.183 所示。最终效果是让她的手臂很自然地隐藏在另一位人物手臂的后边，如图 6.184 所示。

图 6.182　添加蒙版

擦除区域

图 6.183　需要擦除区域

图 6.184　添加人物后效果

　　注意：① 一定要按"Ctrl ＋＋"，将照片放大后进行擦除，结束后按"Ctrl ＋ 0"。

② 如果擦过头了，要将前、背色交换一下，让前景色变为白色，将过了头的地方涂抹回来（简单的办法就是按"X"键切换前、背景色）。

第六步：执行"图层—合并可见图层"命令，再执行"文件—存储为"命令，将拼合好的集体照保存好，最终拼合效果如图 6.185 所示。

6.5.4 图层蒙版的操作

在图层蒙版上右击，会弹出菜单，如图 6.186 所示，有"停用、删除、应用图层蒙版"命令，可根据需要选择操作。本案例选用了"应用图层蒙版"命令。

图 6.185 最终拼合效果

图 6.186 图层蒙版菜单

6.5.5 快速蒙版

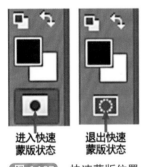

图 6.187 快速蒙版位置

快速蒙版是一种临时蒙版，使用快速蒙版不会对图像进行修改，只建立图像选区。它可以在不使用通道的情况下快速地将选区范围转为蒙版，然后在快速蒙版编辑模式下进行编辑，当转为标准编辑模式时，未被蒙版遮住的部分变成选区范围。"快速蒙版"的按钮在工具箱里，它在前、背景色的下方，如图 6.187 所示；第一次单击该按钮（按钮的全称为"以快速蒙版模式编辑"）进入到快速蒙版状态；当在快速蒙版状态编辑结束后，一定要再单击一次该按钮（按钮的全称为"以标准模式编辑"），表示退出快速蒙版状态。创建快速蒙版也有快捷键，按"Q"键进入快速蒙版状态，再按"Q"键退出快速蒙版状态。快速蒙版可以建立在"背景"层，但最好要先有选区，后加快速蒙版。

⚡ **案例 6-15** 利用快速蒙版抠图拼合照片

第一步：打开"75 雪景"和"76 雪人"两张照片，如图 6.188 和图 6.189 所示，我们要把雪人拼合到雪景照片中去，要将雪人照片上两个雪人分别抠图，各建立一个图层。

第二步：在"雪人"照片上，工具箱单击"多边形套索工具" ，沿着左边雪人的周边单击（注意：步幅可以大一点，不要单击点太密集，要首尾闭合）先将左边一个雪人套出选区，不必套的太精确，粗糙一点，如图 6.190 所示。

图 6.188 雪景照片

图 6.189 雪人照片

第三步：在工具箱单击"进入快速蒙版" 按钮（或按"Q"键），创建快速蒙版，选区外围被粉红色罩住，如图 6.191 所示。工具箱单击"画笔工具" ，此时工具箱前景色为黑，背景为白，按"Ctrl ＋＋"，将照片放大，用"[ ]"调整笔刷大小，沿雪人周边精确绘制轮廓，将多余的白色边缘擦除干净；效果如图 6.192 所示；在工具箱单击"退出快速蒙版"按钮 （或按"Q"键），回到标准模式。

图 6.190 套出选区

图 6.191 进入快速蒙版后

图 6.192 精描效果

注意：① 在工具选项栏设置"画笔工具"硬度为 50％。

② 如果擦过头了，可按"X"键切换前、背景色，将前景色变为白色再擦找回来。

第四步：执行"图层—新建—通过拷贝的图层"命令（或按"Ctrl ＋ J"），将左边的雪人单独复制出一层来，生成"图层 1"，如图 6.193 所示。

第五步：在图层面板定位在"背景"层（如图 6.194 所示），继续用"多边形套索工具" ，将右边的雪人套出选区，剩下可按第三步操作，选区精修好后，再重复第四步，将右边的雪人单独复制出一个图层，生成"图层 2"，如图 6.195 所示。

图 6.193 图层 1

图 6.194 定位背景层

图 6.195 图层 2

图 6.196 拼合效果

注意：也可以用"快速选择工具"将右边的雪人套出选区，这样可不需要快速蒙版，比较方便快捷。

第六步：工具箱单击"移动工具" ，分别将"图层1"、"图层2"的雪人拖移至"雪景"照片中；按"Ctrl ＋ T"，配"Alt ＋ Shift"键等比例缩小，并拖移放至合适位置，如图 6.196 所示。

第七步：执行"图层—合并可见图层"命令（或按"Ctrl ＋ Shift ＋ E"）合并图层。

6.6 实战练习

案例 6-16 给证件照换背景

第一步：打开"85 证件照"照片，如图 6.197 所示，这是一个红背景照片，我们要把红背景换成蓝背景或者白背景。

第二步：复制两个图层："背景拷贝"层和"背景拷贝 2"层，复制的方法如图 6.198 所示。单击定位在"背景"层，如图 6.199 所示。

第三步：将工具箱前景色设置为蓝色，单击前景色，会弹出"拾色器"，在"拾色器"中 RGB 位置手工输入 R ＝ 18，G ＝ 140，B ＝ 203，如图 6.200 所示，单击"确定"；按"Alt ＋ Delete"键，将"背景"层用前景色（蓝色）填充。

图 6.197 证件照

图 6.198 复制图层

图 6.199 生成两个图层

图 6.200 拾色器设置

第四步：在"图层"面板上，① 单击"背景拷贝"层（定位）；② 单击"背景拷贝 2"层的眼睛图标，将这一图层隐藏。如图 6.201 所示。工具箱单击"魔棒工具" ，到照片红色背景处单击一下，使红色区域成为选区，如图 6.202 所示，按下"Alt"键单击"添加图层蒙版" 按钮，在图层面板上添加了一块黑色的蒙版，这个蒙版区域里，人物是白色的，表示显示着，如图 6.203 所示。在照片上产生的效果如图 6.204 所示，这里我们看到头顶位置残留有红色，要去掉这些残留的红色。

图 6.201　图层面板操作

图 6.202　红色区域为选区

图 6.203　添加图层蒙版

图 6.204　添加蒙版后效果

图 6.205　定位中间图层

图 6.206　显示原照

　　第五步：在"图层"面板上，①单击定位在"背景拷贝 2"图层，并将该图层的眼睛单击睁开；②将"背景拷贝"图层的眼睛单击关闭，如图 6.205 所示。此时，照片仍然显示原照，如图 6.206 所示。

　　第六步：执行"图像—调整—色相 / 饱和度"命令（或按"Ctrl ＋ U"），在弹出的对话框中，①单击选择"红色"（在编辑区域通常默认"全图"）；②将"明度"调到＋100，如图 6.207 所示，此时，照片变成黑白照片了，原来红色区域变成灰色了；③单击"确定"，如图 6.209 所示。

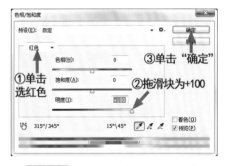

图 6.207　"色相 / 饱和度"对话框

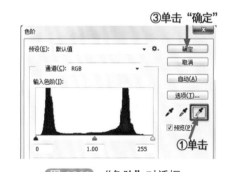

图 6.208　"色阶"对话框

　　第七步：执行"图像—调整—色阶"命令（或按"Ctrl ＋ L"），在弹出的"色阶"对话框中，①单击"白场吸管"，如图 6.208 所示；②到照片上单击灰色区域，如图 6.209 所示，使灰色区域更白更亮，当然此时照片脸部也会变得很白很亮；③在"色阶"对话框中单击"确定"。在"图层"面板上，将"背景拷贝 2"图层的混合模式改为"正片叠底"，如图 6.210 所示。

第八步：在"图层"面板上，①将"背景拷贝"图层的眼睛单击睁开；②单击蒙版，定位在"背景拷贝"图层上，如图 6.211 所示。工具箱单击"画笔工具" ，用"[ ]"调整笔刷大小，在照片头顶位置涂抹（擦除位置如图 6.212 所示），将残留的红色擦除干净。

图 6.209　单击灰色区域

图 6.210　更换混合模式

图 6.211　单击蒙版定位

注意：设置工具箱前景色为黑色，背景色为白色，笔刷用柔角。可将照片放大后擦除，这样容易擦干净。另外还可将衣服边缘的红色也擦除干净。

蓝背景证件照更换结束，如图 6.213 所示。如果想把照片的背景换成白色，可在"图层"面板上单击"背景"层，用白色填充（此时，工具箱背景色为白色时，可按"Ctrl ＋ Delete"），效果如图 6.214 所示。

图 6.212　擦除掉残留红色

图 6.213　蓝背景证件照

图 6.214　白背景证件照

第九步：执行"图层—合并可见图层"命令，将图层合并成一层，再执行"文件—存储为"命令，将证件照另外保存好。

案例 6-17　给人物磨皮去痘

第一步：打开"58 去斑样片 .jpg"照片，如图 6.215 所示，这张照片的面部皮肤比较粗糙，色斑、痘痘比较多。在"图层"面板上将"背景"层拖移到"创建新图层"  按钮上，复制生成一个"背景拷贝"图层，如图 6.216 所示。

第二步：工具箱单击"污点修复画笔工具" ✎ ，笔刷用柔角，工具选项栏"类型"点选"创建纹理" ◉ 创建纹理 ，将面部大的黑斑及粗颗粒修掉。

第三步：执行"滤镜—杂色—蒙尘与划痕"命令，在弹出的对话框中设置半径：10，阈值：0，单击"确定"，如图 6.217 所示，此时照片变模糊了。

图 6.215 去斑样片

图 6.216 复制背景拷贝层

图 6.217 蒙尘与划痕设置

半径：用于设置柔和处理的范围。

阈值：数值越大，越能更好地保护图像细节部分。

第四步：执行"图层—图层蒙版—隐藏全部"命令（配"Alt"键在"图层"面板上单击"添加图层蒙版" ◉ 按钮），给"背景拷贝"层添加黑色的蒙版，如图 6.218 所示，此时照片变清晰了。

第五步：工具箱单击"画笔工具" ✎ ，设置前景色为白色，用"[ ]"调整笔刷大小，笔刷用柔角，对面部有色斑和痘痘的区域进行涂抹，设置画笔的"不透明度"为 60% ～ 80%，"流量"为 55%。

注意：① 适当地降低不透明度和流量是为了避免留下修复斑痕，修照片一定要细致，耐心，要边修边观察，一定要把"历史记录"面板打开。

② 按"Ctrl ＋＋"将照片放大后修，修完后按"Ctrl ＋ 0"满画布显示。

③ 轮廓地方不要过多涂抹，需要保留细节和轮廓，否则脸会变得扁平。

脸修干净后，我们观察"背景拷贝"层的蒙版中，有画出的白色区域，如图 6.219 所示，磨皮去痘后的效果如图 6.220 所示。

第六步：执行"图层—合并可见图层"命令，将图层合并成一层，再执行"文件—存储为"命令，将磨皮后的照片另外保存好。

图 6.218 黑色蒙版

图 6.219 涂抹后蒙版变化

图 6.220 磨皮去痘效果

6.7 调整图层与属性面板

调整图层可以在不更改图像本身像素的情况下，对图像整体外观进行调整，它将颜色和色调的调整存储在调整图层中，并应用于它下面的所有图层。可以随时扔掉更改并恢复原始图像。因此，这是一种非破坏性的调整。

在第 5 章里我们学习过调整照片的亮度及色彩，是执行"图像—调整—……"命令，这些调整都直接应用到当前所选择的图层上，并且直接修改图像中的颜色信息，这是一种有损的调整。如果这时关闭并保存文件，再次打开文件时，图像的调整效果由于失去了历史记录将不能被还原。

6.7.1 利用调整图层调亮度

第一步：打开"53 曝光不足 (1).jpg"照片，如图 6.221 所示。

第二步：在"图层"面板上单击"创建新的填充或调整图层" 按钮，会拓展出下拉列表，在列表中单击"曲线"，如图 6.222 所示，此时"属性"面板自动打开，所有的调整都在"属性"面板中进行，如图 6.223 所示。调整亮度的方法同我们前面学过的一样，先将对角线中心点向斜上方拖，再调右上角的高光区点及左下角的阴影区点。此时在"图层"面板上增加了一个"曲线 1"的调整图层，如图 6.224 所示。

属性面板上有几个按钮认识一下，如图 6.223 所示。

① 剪贴图层 ：创建的调整图层对下面的所有图层都起调整作用，单击此按钮，可以只对当前图层起到调整效果。

② 查看上一状态 ：单击此按钮，可以看到上一次调整的效果。

③ 复位 ：单击此按钮，可以恢复到"属性"面板最初打开的状态。

④ 隐藏调整图层 ：单击此按钮，可以将当前调整图层在显示与隐藏之间进行切换。

⑤ 删除 ：单击此按钮，可以将当前调整图层删除。

图 6.221　曝光不足 (1)

图 6.222　调整下拉列表

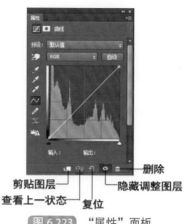

删除
剪贴图层
查看上一状态
复位
隐藏调整图层

图 6.223　"属性"面板

6.7.2　利用调整图层调色彩

第一步：打开"66 调整照片色彩.jpg"照片，这是一张模糊且颜色暗淡的照片如图 6.225 所示。

第二步：在"图层"面板单击"创建新的填充或调整图层" 按钮，在下拉列表中单击"色相 / 饱和度"，在"属性"面板上进行调整，如图 6.226 所示，色相值为 -8，饱和度值为 +40，明度值为 -5。

图 6.224　增加调整图层

图 6.225　"调整照片色彩"照片

图 6.226　属性面板

第三步：在"图层"面板上，再一次单击"创建新的填充或调整图层" 按钮，在下拉列表中单击"色彩平衡"，在"属性"面板上进行调整，-24，+27，0，如图 6.227 所示，目的是纠正一下偏色。此时"图层"面板上多了两个调整图层，如图 6.228 所示。

图 6.227　色彩平衡

图 6.228　增加两个调整图层

图 6.229　复制图层

第四步：这张照片的色彩还是不够鲜艳，且还有些模糊，在"图层"面板上，将"背景"层拖移到"创建新图层"  按钮上，复制生成"背景拷贝"层，如图 6.229 所示，将"背景拷贝"图层的混合模式改为"柔光"，如图 6.230 所示，这样整张照片调整完毕，效果如图 6.231 所示。

图 6.230　更改混合模式

图 6.231　调整后照片效果

第 7 章

文字工具及文本处理

文字是信息传播的重要手段，而 Photoshop CC 的文字处理功能是很强大的。它提供了四种文字工具，如图 7.1 所示；两种输入方式，"点文字"和"段落文字"。

7.1 文字工具

7.1.1 文字工具的工具选项栏

我们讲过，每一种工具都对应有它自己的工具选项栏，文字工具也是如此，图 7.2 所示的是文字工具的工具选项栏。

图 7.1 文字工具组

图 7.2 "文字工具"的工具选项栏

文字工具选项栏注解表见表 7.1。

表 7.1 文字工具选项栏注解表

序号		说明
①	更改文本方向	单击该按钮可以将文字显示为横排或直排状态
②	设置字体下拉列表	单击可展开字体下拉列表，选择需要的字体
③	设置字体样式	在西文状态下，用于设置字体的字型。如常规、粗体、斜体等，只有在输入西文时该按钮才被激活
④	设置字体大小	单击"扩展"按钮 可展开字体大小列表，点数越多，字体越大，也可直接置数设置
⑤	设置文字边缘	用于设置消除文字锯齿的方式，单击展开 5 个选项
⑥	设置文字对齐方式	从左到右依次为：左对齐、居中对齐和右对齐
⑦	设置文字的颜色	单击该颜色块可弹出"拾色器"，可随意设置字体颜色
⑧	创建文字变形	单击可打开"变形文字"对话框，在"样式"下拉列表中可以选择文字变形的样式
⑨	切换字符、段落调板	单击该按钮可打开"字符"、"段落"调板
⑩	取消当前编辑按钮	单击"取消" 按钮可取消刚输入的文字操作，相当于按"Esc"键（在文字录入时，该按钮才被激活）
⑪	提交当前编辑按钮	单击"提交" 按钮可完成文字的输入，相当于按"Enter"（回车）键（在文字录入时，该按钮才被激活）

7.1.2 横排文字工具与直排文字工具的应用

案例 7-1 用文字工具写字

第一步：按"Ctrl ＋ N"，新建 40 厘米 ×40 厘米，分辨率默认 72 像素 / 英寸，RGB 颜色模式、白色背景的空白图片。

第二步：在工具箱单击"横排文字工具"，在工具选项栏设置字体为"华文行楷"，字体大小文本框中输入"120"点，颜色取"红色"，到空白图片上单击，会出现闪烁的光标线，开始输入"老年大学"四个字，如图 7.3 所示，在"图层"面板上也增加了一层"老年大学"的文字图层，称之为文本图层。

第三步：在"图层"面板单击"背景"层（定位），在工具箱单击"直排文字工具"，在空白图片上单击定位，此时"图层"面板上增加"图层 1"（"图层 1"是临时名称）；在工具选项栏设置字体为"华文琥珀简体"，字体大小输入"140"点，颜色取"蓝色"，写"夕阳红"三个字，当字体输入结束后，在"图层"面板上原来的"图层 1"变成"夕阳红"的文本图层了，如图 7.4 所示。

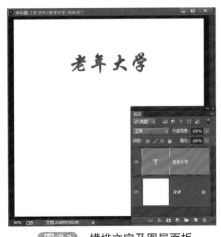

图 7.3 横排文字及图层面板

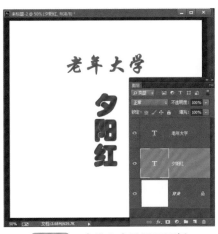

图 7.4 直排文字及图层面板

注意：① 文字工具用完后可单击"移动工具"，这样既可以表示输入结束，又可以拖动文字调整位置。否则鼠标经常保持在文字工具状态的话，在照片或画布上无意识地单击或拖移，会额外产生文本图层，影响后面的操作。另外一个方法是，在使用文字工具输入完成后，在工具选项栏的右边单击"提交"按钮，这也表示输入结束，如果取消输入可单击"取消"按钮。

② 文字大小的改变可用"编辑—自由变换"命令（或按"Ctrl ＋ T"）进行缩放，但缩放结束后不要忘记按回车键，去掉变换框。

③ 第二次打字时最好先定位在"背景"层，若定位在"老年大学"文本图层上开始使用文字工具，在改变字体颜色及大小时，都会将原来已经输入好的字体改变。

第四步：在"图层"面板上，定位在"老年大学"层，在工具选项栏单击"创建文字变形"按钮，弹出"变形文字"对话框，如图 7.5 所示，单击"样式"扩展按钮，拓展出的下拉列表里有 15 种变形样式，单击"扇形"，弹出"变形文字"对话框如图 7.6 所示，可拖移滑块调整改变各项参数，使"老年大学"四个字作出不同扇形的形状（边拖滑块边观察四个字的变化情况），最后单击"确定"。

图 7.5 "样式"下拉列表　　　　　图 7.6 "扇形"样式设置对话框

同理,可在图 7.5 所示的样式下拉列表中选择其他各种变形,都可得到多种多样的文字变化。图 7.7 中"老年大学"使用的是"扇形"变形,"夕阳红"使用的是"花冠"变形。

7.1.3　段落文字的输入

使用"横排文字工具"或"直排文字工具"在画布上按下鼠标左键拖移出一个虚线文本框,松开鼠标后,在闪烁的光标处即可输入文字,文字输完后,单击"移动工具",也可单击"提交"✓按钮,确认输入的文字。

例如:打开"49 绿色画板 .jpg"照片,在工具箱单击"横排文字工具" T,在工具选项栏设置字体为"华文行楷",大小为"60"点,颜色为白色,在"绿色画板"中按下左键拖移出一个虚线文本框,输入一段文字,如图 7.8 所示,可将"老年大学学员守则"八个字选中,设置大小为"80"点,其余均为"60"点(全文内容可从图 7.8 读取,也可自己另选一段文字输入)。

图 7.7　文字变形效果

图 7.8　段落文字

7.2　文字蒙版

使用"横排文字蒙版工具" T 与"直排文字蒙版工具" IT 输入文字时,得到的不是实体文字,而是文字的一个选区,读者可对文字选区进行填充、羽化等操作;它不具有文字的属性,也不会产生新的图层,因此无法以编辑文字的方法对文字选区进行各种属性的编辑。

案例 7-2 制作重叠效果文字

第一步：按"Ctrl ＋ N"键，新建宽度 40 厘米，高度 30 厘米，分辨率 72 像素 / 英寸，RGB 颜色模式，白色背景的空白图片。

第二步：在工具箱设置前景色为洋红色，背景色为湖蓝色 ；单击"横排文字蒙版工具" ，在工具选项栏设置字体为"华文琥珀"，字体大小为 300 点，在空白图片上单击定位，此时，白色的画布被蒙上了粉红色（其实是"快速蒙版"）。输入"夕阳红"三个字，如图 7.9 所示，输入结束可单击"移动工具"，这时生成的是文字选区，且"图层"面板上没有增加图层，如图 7.10 所示。

图 7.9 文字蒙版状态

图 7.10 文字选区状态

第三步：用"移动工具" ，轻轻向左拖移文字选区时，会发现在选区的下面有湖蓝色的字体，将选区与下面湖蓝色的字体错位（可用键盘上方向键精细移位），如图 7.11 所示，再按"Alt ＋ Delete"键，用前景色填充，按"Ctrl ＋ D"取消选区，效果如图 7.12 所示。

图 7.11 选区移位后的效果

图 7.12 文字重叠错位效果

7.3 给电脑增加字体

通常电脑字库里的汉字字体种类比较少，可以从网上下载"方正字库"，这个字库里的字体有很多，可以挑选一些喜欢和常用的字体，将这些字体归类到"方正字库（精简版）"文件夹，如果电脑需要扩充字体，可作如下操作。

增加字体有两种方法。

方法一：

第一步：在桌面双击"计算机"，找见"方正字库（精简版）"文件夹双击进入，在菜单栏单击"编辑—全选"，再单击"编辑—复制"。

注：有些 Windows 7 系统菜单是"组织—全选"和"组织—复制"。

第二步：单击"开始 —控制面板"，单击"外观"（有些 Windows 7 系统是"外观和个性化"），如图 7.13 所示。找见"字体"双击进入，如图 7.14 所示。

图 7.13　"控制面板"单击"外观"

图 7.14　双击"字体"

图 7.15 所示是原电脑字体文件夹里的字体内容（未增加前）。

注意：有些电脑从来没有额外安装过字体，初次安装时会出现提示，如图 7.16 所示，在这个提示对话框中要先单击勾选"允许使用快捷方式安装字体（高级）（A）"，再单击"确定"。

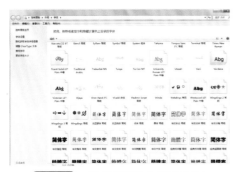

图 7.15　原电脑字体文件夹内容

图 7.16　安装提示对话框

第三步：在菜单栏单击"编辑—粘贴"（或"组织—粘贴"），此时开始装字体，有绿色的安装进度条出现，如图 7.17 所示；在安装的过程中，有些字体是电脑字库里已经存在的，可能还会出现图 7.18 所示的提示框，遇到这样的提示，都单击"确定"。

图 7.17　安装进度

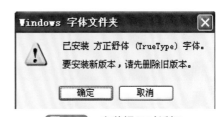

图 7.18　安装提示对话框

全部结束后，在"字体"文件夹里就会出现新增加的字体，如"经典繁方篆"等，如图 7.19 所示。

电脑字库里是以西文字体为主，这些字体是不能从电脑中删除的，它会出现如图 7.20 所示的对话框，"……它是受保护的系统字体"；但新装进去的字体可以删除，删除的方法很简单，选中字体按键盘上的删除键（Delete）即可。

方法二：

第一步：双击"方正字库（精简版）"，打开该文件夹，按"Ctrl ＋ A"全选，再按"Ctrl ＋ C"复制。

图 7.19　新装进去的字体

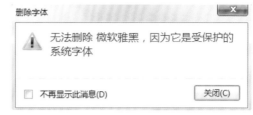

图 7.20　删除提示对话框

第二步：回退到"计算机"窗口，双击 C 盘进入，找到"Windows"文件夹，如图 7.21 所示，双击打开，再找到 Fonts（字体）文件夹，如图 7.22 所示，双击打开。

Windows

图 7.21　Windows 文件夹

Fonts

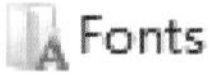

图 7.22　字体文件夹

第三步：按"Ctrl ＋ V"粘贴。

7.4　给文字添加样式

7.4.1　用图层样式命令给文字添加效果

利用"图层—图层样式"命令给文字添加效果，我们在第 6 章"案例 6-7"已经讲过了，这里不再重复。

7.4.2　用样式面板给文字添加样式

案例 7-3　给文字添加多彩的样式

第一步：执行"文件—新建"命令（或按"Ctrl ＋ N"），新建宽 35 厘米 × 高 25 厘米，分辨率默认，RGB、白色的空白图片。

第二步：在工具箱单击点选"横排文字工具"，在工具选项栏设置字体为"华文行楷"，字体大小输入"200"点，颜色取"红色"，写"老年大学"四个字，如图 7.23 所示。

图 7.23　"样式"文字效果应用

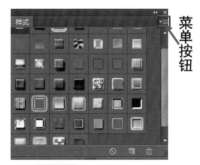

图 7.24　"样式"面板

第三步：打开"样式"面板（如果"样式"面板不在面板组合区，可执行"窗口—样式"命令将其打开），如图 7.24 所示，在"样式"面板上直接单击某种样式，文字就会有效果。

注意："样式"还可以追加和载入，追加和载入的方法，我们在 4.3.6 小节里有介绍。在

"样式"面板上单击菜单按钮，可打开菜单，在菜单中选择"文字效果 2"，再单击"追加"，在"样式"面板中就增加了一组文字效果的样式，如图 7.24 所示。此时，随意单击一种，文字都会被添加一种特殊的效果，有些样式是很漂亮的。

7.5 字符和段落调板

当使用"文字工具"时，在工具选项栏有个"字符"和"段落"调板 按钮，单击该按钮会打开"字符"和"段落"调板，如图 7.25 和图 7.26 所示。这两幅图上有详细的注释，例如在"字符"调板上可设置字体、字体大小、字间距、颜色及行间距等，还可设置字体的上标 T¹、下标 T₂ 和下划线 T 等。在"段落"调板上可设置文本的对齐方式、左缩进、右缩进及段前、后加空格等。

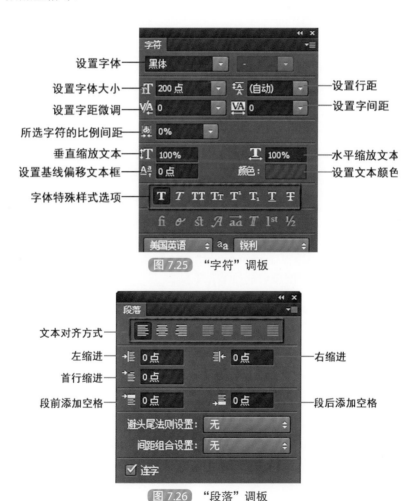

图 7.25 "字符"调板

图 7.26 "段落"调板

案例 7-4 给照片添加文字

第一步：打开"20 风景 03.jpg"照片，如图 7.27 所示。

第二步：在工具箱单击点选"横排文字工具" ，在工具选项栏设置字体为"黑体"，字体大小为 30 点，字体颜色为红色。

第三步：在照片左上角单击定位，输入"2014 年 7 月摄于扬州瘦西湖"，输完后单击"移动工具" ，此时在"图层"面板增加了一个文字图层，如图 7.28 所示。如果感觉字体太大或太小了，可执行"编辑—自由变换"命令（或按"Ctrl ＋ T"），右手按下"Alt ＋ Shift"键，进行等比例缩放，按回车键去掉变换框。

图 7.27　风景 03 照片

图 7.28　照片添加文字效果

第四步：执行"图层—向下合并"命令（或按"Ctrl ＋ E"），将图层合并为一层，执行"文件—存储为"命令（或按"Ctrl ＋ Shift ＋ S"），给照片另外取个名称存盘。

7.6　栅格化文字图层

在 Photoshop 中，文字图层不能直接应用一些菜单命令，如"图像—调整"类命令及"滤镜"菜单里的命令。还有一些图像编辑类的工具，如："橡皮擦工具"、"画笔工具"等也不能应用。要对文字进行特效处理，先将文字图层栅格化后，将文本图层转为普通图层，方可应用。

在"图层"面板中，选择需要转换的文字图层，执行"图层—栅格化—文字"命令或在文字图层上右击，在弹出的菜单中选择"栅格化文字"选项即可。栅格化后的文字图层变为普通图层，这时不能对文字进行任何属性的编辑了。

案例 7-5　用栅格化文字图层制作特效文字

第一步：按"Ctrl ＋ N"，新建宽度 30 厘米，高度 20 厘米、分辨率默认，白色背景的空白图片。

第二步：在工具箱单击"横排文字工具" Ｔ，在工具选项栏设置字体为"华文行楷"，字体大小为 200 点，字体颜色为红色。输入"夕阳红"三个字。

第三步：此时，在"图层"面板增加了一文字图层，如图 7.29 所示。单击"图层"面板下面"添加图层样式" fx 按钮，在弹出的菜单中选"斜面和浮雕"，在"图层样式"对话框中，将"样式"下拉三角点开，选"浮雕效果"适当调整"大小"、"深度"等参数，边调整边观察文字变化，满意后单击"确定"。

第四步：执行"图层—栅格化—文字"命令，"图层"面板原来的文字图层变为普通图层，如图 7.30 所示。

第五步：在工具箱单击"画笔工具" ，用"[ ]"调整好笔刷大小，顺着"夕"的笔画和"红"的笔画描画出直线（按"Shift"键可画出直线），如图 7.31 所示。

第六步：执行"滤镜—风格化—拼贴"命令，在拼贴对话框中设置"拼贴数"10，"最大位移"10，勾选"背景色"（此时工具箱背景色是湖蓝色），如图 7.32 所示，单击"确定"。

图 7.29　文字图层

图 7.30　文字栅格化后图层

图 7.31　特殊文字效果

图 7.32　"拼贴"命令对话框

7.7　实战练习

案例 7-6　印章制作

第一步：按"Ctrl ＋ N"，新建一个宽度和高度均为 15 厘米、分辨率默认、颜色模式为 RGB、背景内容要选"透明"的空画布，如图 7.33 所示。

第二步：在工具箱单击"自定形状工具"，如图 7.34 所示，在工具选项栏设置要按照图 7.35 所示顺序操作：①单击选择"形状" 形状 ；②单击打开形状拾色器；③单击菜单按钮；④在弹出的菜单中单击"画框"，会弹出追加提示对话框，单击"追加"；⑤单击"边框 8"形状；在透明画布上画一个花边的正方形（左手按下"Shift"键画），如图 7.36 所示。

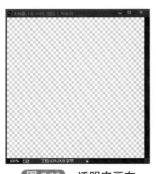

图 7.33　透明空画布

单击

图 7.34　自定形状工具位置

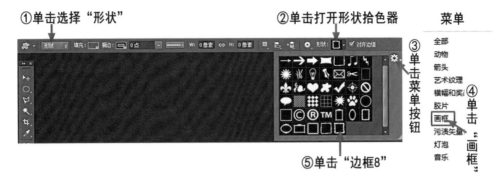

①单击选择"形状"　②单击打开形状拾色器　菜单

③单击菜单按钮

④单击"画框"

⑤单击"边框8"

全部
动物
箭头
艺术纹理
横幅和奖
胶片
画框
污渍矢量
灯泡
音乐

图 7.35　"自定形状工具"的工具选项栏设置步骤

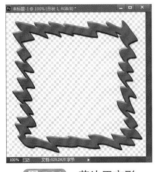

图 7.36　花边正方形

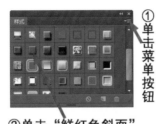

①单击菜单按钮

②单击"鲜红色斜面"

图 7.37　样式面板

图 7.38　加过样式后效果

第三步：打开"样式"面板，①单击"菜单"按钮，追加"文字效果2"；②选择"鲜红色斜面"样式单击一下；如图7.37所示，让红方框有明显的立体感，效果如图7.38所示。

第四步：用"直排文字工具"，设置字体为"经典繁方篆"[注：只有安装过"方正字库（精简版）"的才有这种字体]，大小110点，红色，在方框内写"夕阳"两个字，用"移动工具"将字体拖靠到右边，如图7.39所示，再用"直排文字工具"，在方框内写"红印"两个字，用"移动工具"将字体拖靠到左边，如图7.40所示。此时"图层"面板增加了两个文本图层，如图7.41所示。

图 7.39　"夕阳"放右边

图 7.40　"红印"放左边

图 7.41　"图层"面板

第五步：如果需要给文字添加样式，也可在"样式"面板上单击点选样式，但要注意图层定位，图7.41所示的是"图层"面板，当前是定位在"红印"图层，此时可以给"红印"

两个字添加样式，字体有了很强的立体感；再定位到"夕阳"图层，给这两个字添加样式。字体用过"样式"后的效果如图 7.43 所示。

文件名(N): 红印章.psd

保存类型(T): Photoshop (*. PSD, *. PDD)

图 7.42　"保存类型"一定要选 .psd

第六步：执行"图层—合并可见图层"命令，将三个图层合并为一层，再执行"文件—存储为"命令，将它保存在指定位置（自己的文件夹里），"文件名 (N)"栏输入"红印章"，注意："保存类型 (T):"一定要选 PSD，如图 7.42 所示，单击"保存"。

第七步：打开"19 风景 02.jpg"照片，如图 7.45 所示；再打开"红印章"照片，用"移动工具" ▶⊕ 将红印章拖到"风景 02"照片上，可能会弹出"粘贴配置文件不匹配"对话框，如图 7.44 所示，在对话框中：① 单击勾选"不再显示"；② 单击"确定"。按"Ctrl ＋ T"，对印章进行适当的放大或缩小，按回车键去掉变换框，将它拖放到合适位置，效果如图 7.45 所示。

注意：照片类型保存成 PSD 格式表示是透明底，随便拖放到哪一张照片上，都会以原照片为底色，效果如图 7.45 所示；如果保存成 JPG 格式，就不是透明底了，是白色底，效果如图 7.46 所示，这种效果就比较难看了。

图 7.43　字体加过样式后效果

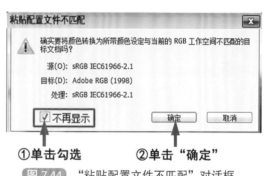

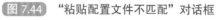

①单击勾选　②单击"确定"

图 7.44　"粘贴配置文件不匹配"对话框

图 7.45　PSD 格式的红印章拼合效果

图 7.46　JPG 格式的红印章拼合效果

"自定形状工具"的工具选项栏里，形状拾色器里的形状图案有很多，有空心的也有实心的，形状可以追加，也可以载入。另外"样式"面板上的样式也有很多种，无论是追加还是载入，都能添加出多彩的样式，下面一组图章就是采用不同的形状及样式制作出来的图章效果，如图 7.47 所示，读者有兴趣可以试一试。

图 7.47　一组图章

第8章

通道的运用

通道与蒙版是 Photoshop 中较难理解的两个概念，在前面我们已经对蒙版的概念做了一些介绍。本章我们就来对通道做一个解析。

8.1 认识通道

（1）通道的作用　通道是用来存储颜色信息和选区的，在 Photoshop 中，利用通道抠图很方便，因为它可以快速地在图像中创建选区，还可以在颜色通道的基础上进行编辑，从而改变图像整体的色调，达到调整图像颜色的目的。

（2）反映通道的载体　Photoshop 对于通道的操作主要集中在"通道"面板上，执行"窗口—通道"命令可打开"通道"面板。

打开"81月季花.jpg"照片，来认识一下通道及"通道"面板，如图8.1所示。这是一幅 RGB 颜色模式的图像，其基本颜色信息就是由"红"、"绿"、"蓝"三个颜色通道进行保存的，它们都以灰度显示；对于顶部的 RGB 颜色通道它就是下面三个通道的一个集合体，在显示该通道的情况下，就可以查看到完整的图像内容。

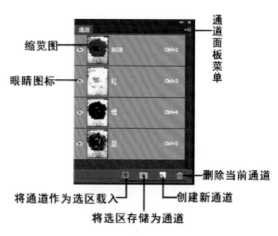

图 8.1　RGB 颜色模式图像的通道

通道可分为五种。

① 复合通道：复合通道（也称主通道 RGB）是始终以彩色显示，用于预览并编辑整个图像颜色通道的一个快捷方式，只有 RGB、CMYK 和 LAB 模式的图像中有该通道。

② 颜色通道：颜色通道是每幅图像都包括的通道，RGB 模式的颜色通道分别是红、绿、蓝。对于不同颜色模式的图像，它所包括的颜色通道数目也是不同的，例如："30 湖光秋色 .jpg"风景照片就是 CMYK 颜色模式的，它有四个颜色通道，青色、洋红、黄色、黑色，如图 8.2 所示。

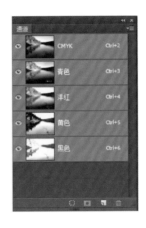

图 8.2 CMYK 颜色模式图像的通道

每一个颜色通道对应图像的一种颜色，例如 RGB 颜色模式图像中的"绿"通道保存图像的绿色信息。

③ Alpha 通道：Alpha 通道是我们在操作过程中自行创建的通道类型之一，简单来说，其主要功能就是保存及编辑选区，在 Alpha 通道中，白色部分可以作为选区载入，黑色部分不能载入为选区；灰色部分载入后的选区有羽化效果。一些在图层中不易得到的选区，都可以通过灵活使用 Alpha 通道来创建。

④ 专色通道：专色通道是指用于专色油墨印刷的附加印版，它是用特殊的预混油墨来补充 CMYK 印刷色。专色通道常用于印刷中的烫金、烫银等。

⑤ 图层蒙版通道：如果在图层中建立了蒙版，在"通道"面板中就会显示出该图层的蒙版通道。另外在进入快速蒙版时也会生成一个对应的 Alpha 通道，在退出快速蒙版编辑模式后，该通道也会随之消失。

8.3 通道的基本操作

8.3.1 通道的创建、复制及删除

在"通道"面板下方有一排命令按钮，如图 8.3 所示，有关通道的创建、复制及删除均可在这些命令按钮上操作，下面举例说明。

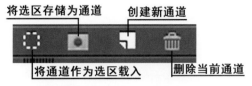

将选区存储为通道　　创建新通道

将通道作为选区载入　　删除当前通道

图 8.3　"通道"面板命令按钮

案例 8-1　利用通道抠图

第一步：打开"39 抠发素材 01.jpg"照片，如图 8.4 所示，同时要打开"图层"面板、"通道"面板和"历史记录"面板。这张照片头发边缘小细节比较多，利用通道抠图会更好的保留这些细节不被丢失。

第二步：在"通道"面板上，分别单击三个单色通道（红、绿、蓝），观察图像头发边缘是否清晰，即与照片背景反差大一些，感觉"绿"通道比较清晰（蓝通道也可以），将"绿"通道拖移到"创建新通道" 按钮上，如图 8.5 所示，生成"绿拷贝"通道，如图 8.6 所示。

图 8.4　抠发素材 01

图 8.5　拖移绿通道

图 8.6　生成绿拷贝通道

注意：如果单击"创建新通道" 按钮，生成的是 Alpha1 通道，这是个纯色通道。

第三步：在"通道"面板上定位在"绿拷贝"通道上，执行"图像—调整—反相"命令（或按"Ctrl ＋ I"），使图像成为胶片状，这样深色区域变成白色。再执行"图像—调整—色阶"命令（或按"Ctrl ＋ L"），调整各参数为 6、0.26、190，如图 8.7 所示，单击"确定"。这些调整参数不是固定的，而是要边调整边观察，目的让头发和衣服更白，其余的地方更黑，效果如图 8.8 所示。

第四步：工具箱设置前景色为白色，背景色为黑色，单击"画笔工具" ，用"［ ］"调整笔刷大小，硬度为 60%，将人物涂抹成白色，按"X"键，将前景色设置为黑色，将图像背景涂抹成黑色，最好按"Ctrl ＋＋"将图像放大了涂抹，涂抹完后按"Ctrl ＋ 0"将图像满画布显示，画笔涂抹后的效果如图 8.9 所示。

第五步：在"通道"面板上，① 单击"将通道作为选区载入"按钮生成选区；② 单击"RGB"复合通道，如图 8.10 所示。看照片，此时蚂蚁线将人物套为选区，如图 8.11 所示。

第六步：执行"图层—新建—通过拷贝的图层"命令（或按"Ctrl ＋ J"），在"图层"面板上生成"图层 1"，关闭"背景"层眼睛，如图 8.12 所示。观察抠图的效果，如图 8.13 所示。

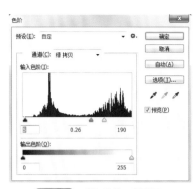

图 8.7　"色阶"对话框

图 8.8　色阶调整后效果

图 8.9　画笔涂抹效果

图 8.10　通道面板操作

①单击"将通道作为选区载入"按钮

②单击"RGB"复合通道

图 8.11　人物套为选区

图 8.12　"图层"面板

单击关闭"背景"层眼睛

第七步：右手插腰位置效果不是太好，工具箱单击"橡皮擦工具" ，用"[ ]"调整笔刷大小，硬度为 60%，将手边多余的地方擦除掉，如果手不完整，可按下"Alt"键擦除找回来。其他位置效果不好的地方也可以这样处理。

第八步：打开"49 绿色画板 .jpg"照片，用"移动工具" 将人物拖移至"绿色画板"上，执行"编辑—自由变换"命令（或按"Ctrl ＋ T"）将人放大后并移放到合适位置（左边），如图 8.14 所示。

第九步：执行"图层—向下合并"命令（或按"Ctrl ＋ E"），合并图层。再执行"文件—存储为"命令（或按"Ctrl ＋ Shift ＋ S"），给照片另外起个名称保存好。

通过这个案例我们可以归纳以下几点

① 如果要利用通道抠图（设置选区），就一定要选择一个图像边缘（抠图对象边缘）比较清晰的一个通道，并将该通道复制生成"某拷贝"通道后，在这个拷贝通道上进行操作，千万不要在"红"、"绿"、"蓝"通道上直接操作。

② 选区的划分：在"某拷贝"通道中（也称 Alpha 通道），白色部分可以作为选区载入，黑色部分不能载入选区，灰色部分载入后有羽化效果。

③"某拷贝"通道黑白处理结束后，一定要单击"将通道作为选区载入" 按钮，将通道转换为选区，再单击 RGB 复合通道。按 Ctrl ＋ J 将选区复制出一个图层。

图 8.13　观察抠图效果

图 8.14　拼合效果

8.3.2　通道与选区的转换

通道一个很重要的作用就是可以存储选区，特别是 Alpha 通道（例如前面举例的"绿拷贝"通道），一般默认白色是要留下的，黑色是去掉的，也就是说白色是选区范围内的，而黑色是选区以外的，但这都要在"通道"面板上单击"将通道作为选区载入" ⬚按钮方可实现。

同理，如果在图像中创建有多个选区，且需要对选区进行不同的编辑时，可以利用"将选区存储为通道" ⬚命令按钮，那么在"通道"面板上生成一个用于存储该选区的 Alpha通道，在这个通道上我们也可以进行黑白加工编辑处理。

如果要删除某个通道，可在"通道"面板上，点住该通道将其拖移到"删除当前通道" 🗑按钮上即可。

8.4　应用图像命令

执行"图像—应用图像"命令，可以将图层或通道叠加和混合在一起，生成新的图像效果。该命令可以将图像文档本身的图层与通道进行混合，也可以在两个图像文档之间应用。将一幅图像的图层或通道与另一幅图像的图层或通道进行混合，但两个图像文档必须保持相同的像素和尺寸。

案例 8-2　利用应用图像命令调照片色彩

第一步：打开"73 修眼照片 01.jpg"照片，如图 8.15 所示（注：要打开"历史记录"面板，以观察调整前后的效果或纠正误操作）。

第二步：打开"通道"面板，在"通道"面板上，① 单击定位在"红"通道；②"RGB"通道眼睛要睁开，如图 8.16 所示。当单击"红"通道时，经常会将其他通道的眼睛默认关闭，图像显示为灰度，要单击"RGB"复合通道眼睛，让它睁开，让图像显示完整色彩。

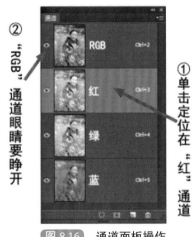

图 8.15　修眼照片 01　　　　　　　　　图 8.16　通道面板操作

第三步：执行"图像—应用图像"命令，会弹出如图 8.17 所示对话框。在这个对话框中，"图层"默认是"背景"，"通道"默认为"红"，要单击"混合"扩展按钮，在展开的混合模式下拉列表中单击"叠加"，此时照片的色彩已经有了明显的变化，如图 8.18 所示，单击"确定"。在"历史记录"面板上建"快照 1"。

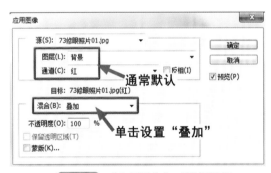

图 8.17　"应用图像"对话框设置　　　　　图 8.18　应用后效果

第四步：在"历史记录"面板上回退到"打开"，在"通道"面板上单击"绿"通道（注意要让其他通道的眼睛都睁开），执行"图像—应用图像"命令，在弹出的"应用图像"对话框中设置混合模式为"正片叠底"，不透明度降到 50%，如图 8.19 所示，单击"确定"，照片效果如图 8.20 所示。在"历史记录"面板上建"快照 2"。

注意："不透明度"值越大，图像应用效果明显，反之效果会减弱。

第五步：在"历史记录"面板上回退到"打开"，在"通道"面板上单击"蓝"通道，执行"图像—应用图像"命令，在弹出的"应用图像"对话框中设置混合模式为"差值"，不透明度降到 60%，勾选"蒙版"选项，会拓展出与"蒙版"相关设置，在这里设置通道为"蓝"，如图 8.21 所示，单击"确定"，照片效果如图 8.22 所示。在"历史记录"面板上建"快照 3"。

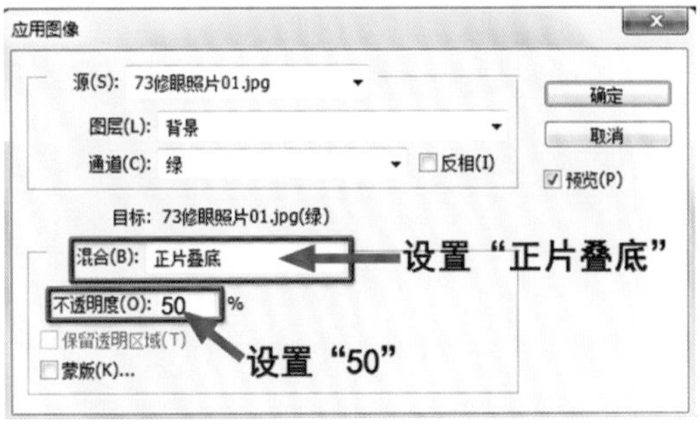

图 8.19 "应用图像"对话框设置

设置"正片叠底"
设置"50"

图 8.20 应用后效果

①设置"差值"
②单击勾选"蒙版"选项
③设置"蓝"
④单击勾选"反相"

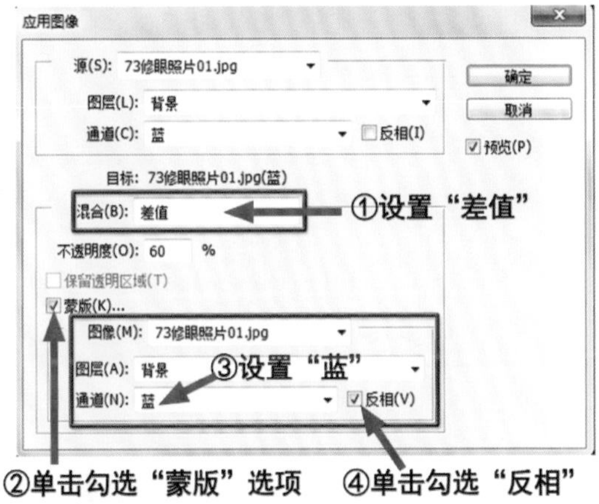

图 8.21 "应用图像"对话框设置

图 8.22 应用后效果

第六步：在"历史记录"面板上回退到"打开"，我们不用"应用图像"命令，用更改图层混合模式来调整照片色彩。在"图层"面板上拖移"背景"层至"创建新图层" 🔲 按钮上，生成"背景拷贝"层，将该图层的混合模式改为"柔光"，如图 8.23 所示，此时照片色彩有了很大的改善，效果如图 8.24 所示，我们在"历史记录"面板上建"快照 4"，如图 8.25 所示，分别单击这四个快照，几种色彩各有特色。

图 8.23 设置"柔光"

图 8.24 "柔光"后照片效果

图 8.25 历史记录面板

案例 8-3　让两幅照片叠加出特殊效果

第一步：打开"78 雁荡山风景 .jpg"和"24 海上朝阳 .jpg"两幅照片，如图 8.26 和图 8.27 所示。

第二步：执行"图像—图像大小"命令，分别查看两幅照片的像素、尺寸和分辨率大小，要求各参数一定要相同。

第三步：在"雁荡山风景"照片上，执行"图像—应用图像"命令，在"应用图像"对话框中设置：① 在"源"选项栏下拉列表中单击"24 海上朝阳 .jpg"；② 将混合模式设置为"叠加"；③ 将不透明度设置为 88，如图 8.28 所示，单击"确定"。此时观察"雁荡山风景"照片整体被朝阳所融合，使整张照片叠加出特殊的效果，如图 8.29 所示。

图 8.26　雁荡山风景

图 8.27　海上朝阳

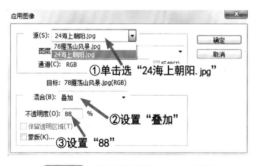

图 8.28　"应用图像"命令对话框

图 8.29　应用后效果

同样，也可以在"海上朝阳"照片上，执行"图像—应用图像"命令，得出的结果一样。

注意：① 只有在两张照片的尺寸完全相同时，才会在"源"选项栏中有另外一张照片存在，如果尺寸稍有一点不相同，都无法在"源"位置找到。

② 如果在"应用图像"对话框中改变"混合"模式，也同样能叠加出特殊效果。

8.5 通道的计算

"图像—计算"命令和"图像—应用图像"命令很类似，可用于一张照片，也可用于两张或多张照片，同样要求参加计算的两张照片或多张照片要有相同的像素和尺寸，只是在执行"计算"命令时，由于"计算"命令只针对一个或多个源图像的单个通道进行混合，所以在执行"计算"命令时，画面中的预览图将呈现灰度图像显示，并将运算得到的结果生成选区、新通道或新图像文档。

案例 8-4　用计算命令叠加两张照片

第一步：打开"23 海浪 .jpg"和"78 雁荡山风景 .jpg"两张照片，如图 8.30 所示和图 8.26 所示。执行"图像—图像大小"命令，分别查看两张照片的像素、尺寸和分辨率大小，要求各参数要一样。

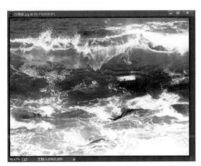

图 8.30　"海浪"照片

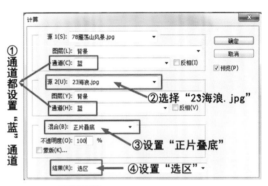

图 8.31　"计算"命令对话框

第二步：在"雁荡山风景"照片上，执行"图像—计算"命令，在"计算"对话框中，按照图 8.31 所示顺序操作，设置好各个选项，单击"确定"。

第三步：这时，在"雁荡山风景"照片上产生了一个选区，执行"图层—新建—通过拷贝的图层"命令（或按"Ctrl＋J"），将选区复制生成"图层 1"，并将该层的图层混合模式设置为"线性减淡"，如图 8.32 所示，最后合并图层，最终计算混合效果如图 8.33 所示。

图 8.32　"图层"面板

图 8.33　最终计算混合效果

也可以将"图层 1"的混合模式改为其他的模式，如"正片叠底"、"差值"、"排除"、"实色混合"等，都会计算混合出不同的效果，读者可以试试。

案例 8-5 利用通道和蒙版功能给照片换背景

第一步：打开照片"51 异国风景 .jpg"和"40 抠发素材 02.jpg"两张照片，如图 8.34 和图 8.35 所示。

第二步：用"移动工具" ![移动工具图标]将"抠发素材 02"中的人物拖入到风景照中，移放至合适位置，如图 8.36 所示，在"图层"面板上生成"图层 1"，如图 8.37 所示。

图 8.34　异国风景

图 8.35　抠发素材 02

图 8.36　拖移人物至风景上

第三步：关闭"抠发素材 02"照片。打开"通道"面板，单击"绿"通道（"绿"通道头发边缘比较清晰），将其拖移至"创建新通道"按钮上，得到"绿拷贝"通道，如图 8.38 所示；再执行"图像—调整—反相"命令（或按"Ctrl ＋ I"）进行反相，如图 8.39 所示。

图 8.37　生成"图层 1"

图 8.38　"通道"面板

图 8.39　反相后效果

注意：通常在抠图中，乱发是最难抠的，所以，我们要用"反相"命令让图像变成胶片状，使人物的头发都变成白色，而在"通道"中，白色部分可以作为选区载入，黑色部分不能载入选区，我们还要使用蒙版的方法将乱发抠出来，因为前面讲过在蒙版中白色是不透明的（要保留的原图像），黑色是透明的（要去掉的）。

第四步：工具箱单击"画笔工具" ![画笔工具图标]，设置前景色为白色，涂抹人物身体边缘，将人物勾勒出白色轮廓，如图 8.40 所示。在"历史记录"面板上创建"快照 1"。

图 8.40　勾勒人物轮廓

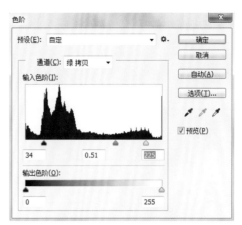

图 8.41　"色阶"对话框

第五步：执行"图像—调整—色阶"命令（或按"Ctrl＋L"），将人像调清晰，主要让头发边缘对比更加强烈，调整参数为：34，0.51，225，如图 8.41 所示。

第六步：默认前景色为黑，背景色为白，继续用"画笔工具"涂抹人物以外的部分（只涂抹"图层 1"的部分），此时，只有人物为胶片模式，而其余均抹成黑色。在"历史记录"面板上创建"快照 2"。

注意：要用"Ctrl＋＋"放大，用"[ ]"调整好笔刷大小涂抹，用空格键＋鼠标拖移局部浏览，涂完后再按"Ctrl＋0"恢复成满画布显示。

第七步：将前、背景色调换，即前景色为白，背景色为黑，仍用"画笔工具"将人物涂抹成白色，如图 8.42 所示。在"通道"面板上：①单击"将通道作为选区载入"按钮，生成选区；②单击"RGB"通道，如图 8.43 所示。

图 8.42　画笔涂抹后效果

图 8.43　"通道"面板操作

图 8.44　"图层"面板操作

第八步：回到"图层"面板，定位在"图层 1"，此时人物已被选区围住，单击"添加图层蒙版"按钮，如图 8.44 所示。这张照片背景就换好了，人物附在风景上，效果如图 8.45 所示。最后合并图层，并将照片另外保存好。

在这里蒙版的作用是：黑色表示图层的透明部分，它将下一层显现出来，而白色表示图层的不透明部分，只显示本层的内容。

并不是所有的图像都适合用通道抠图，有些图像用调整边缘抠图似乎效果会更好一些。前面在第 3.2.1.3 小节中讲过"调整边缘"。

图 8.45　拼合效果

案例 8-6　利用调整边缘抠图

第一步：打开"50 牧羊犬 .jpg"照片，如图 8.46 所示，我们要把这只狗单独抠图出来，将它拼到一个风景照上，狗身体边缘的绒毛细节比较多，是抠图的难点。

第二步：先用"快速选择工具" 将狗大致画出选区，注意绒毛比较细的地方不必仔细去画，如图 8.47 所示。

第三步：在工具选项栏单击"调整边缘" 调整边缘... 按钮，会弹出"调整边缘"对话框。①单击"视图"模式选择"白底"；②单击"调整半径工具"；③到狗边缘拖移涂抹，如图 8.48 所示，会将一些绒毛细节都涂抹出来，画出来的效果如图 8.49 所示（图上红圈内是涂抹区域及涂抹后的效果）。

注意：在"调整边缘"对话框中，当使用"调整半径工具"时，在工具选项栏会出现三个辅助工具，如图 8.50 所示，用"调整半径工具"是将细节擦出来，而用"涂抹调整工具"是将细节擦除掉，二者是矛和盾的关系；如果在"调整半径工具"状态下，按下"Alt"键可切换到"涂抹调整工具"。

图 8.46　"牧羊犬"照片

图 8.47　将狗画出选区

图 8.48　"调整边缘"操作顺序

图 8.49　狗边缘绒毛被画出来效果

第四步：继续在"调整边缘"对话框中操作，当狗的边缘细节部分全部涂抹出来后；在输出选项中单击选择"新建图层"，如图 8.48 所示，最后单击确定。此时"图层"面板多了一个"背景拷贝"层，且"背景"层的眼睛自动关闭，如图 8.51 所示，可以看出狗抠图的效果。

第五步：打开"18 风景 01.jpg"照片，工具箱单击"移动工具" ，将狗拖到风景照上，如图 8.52 所示，由于两张照片的尺寸大小相差比较大，尺寸不匹配，狗拖过去后很大，执行"编辑—自由变换"命令（或按"Ctrl＋T"）将狗缩小后移放到风景照的右下角，最终拼合效果如图 8.53 所示。

图 8.50 "调整边缘"工具选项栏

图 8.51 图层面板

图 8.52 照片尺寸不匹配

图 8.53 照片拼合效果

第 9 章

路径和动作

9.1 路径

9.1.1 路径的概念及作用

路径是由几何形状工具和钢笔工具创建而成的，它是一种矢量图像，由锚点和路径线组成，它不修改图像中的像素。在 Photoshop 中，路径被作为图像处理时的辅助工具，如画图、抠图等，特别是在抠图中，它可以对每个点进行精细的编辑操作，然后将选取的范围转换为选区。

路径可以是直线、曲线或者封闭的形状轮廓。路径不能够被打印输出，只能被存放于"路径"面板中。

9.1.2 创建路径的工具

创建路径的工具有两组：钢笔工具组与形状工具组，如图 9.1 和图 9.2 所示。

9.1.2.1 钢笔工具组

钢笔工具组是创建路径最基本也是最常用的工具，它们可以创建和编辑各种形状的路径。该工具组包括 5 种工具，如图 9.1 所示，前两种钢笔工具是用来创建路径的，后三种工具是用来编辑路径的。

图 9.1　钢笔工具组

图 9.2　形状工具组

图 9.3　两种路径

（1）钢笔工具 ✎：它可以绘制多个点连接而成直线或曲线。

"钢笔工具"是用单击方式绘制路径，如果拖移会产生控制杆，绘制出曲线。它可绘制出两种路径，一种是起始点和终点重合的闭合式路径，一种是起始点和终点分开的开放式路径，如图 9.3 所示。在利用钢笔工具抠图时，一般都需要绘制出闭合式路径，这样转换为选区时才会完整。

"钢笔工具"的工具选项栏如图 9.4 所示。

图 9.4   "钢笔工具"的工具选项栏

"钢笔工具"的工具选项栏注解见表 9.1。

表 9.1   钢笔工具选项栏注解（如图 9.4 所示）

序号	名称		说明
①	选择工具模式	形状	选择"形状"选项，绘制路径时，右边的"填充"、"描边"等一些参数选项均被激活，在"填充"选项下拉列表以及"描边"选项组中按下一个按钮，即可选择用纯色、渐变和图案对图形进行填充和描边。在"图层"面板上会增加一个形状图层
		路径	选择"路径"选项，创建路径时，只会创建一条"工作路径"。"图层"面板上不会增加图层
		像素	选择"像素"选项，只可以为绘制的图像设置混合模式和不透明度。但在"钢笔工具"状态下是不能设置的
②	建立		可以使路径与选区、蒙版和形状间的转换更加方便快捷，绘制完路径后，单击选区按钮，可以弹出建立选区对话框；绘制完路径后，单击蒙版按钮可以在图层中生成矢量蒙版；绘制完路径后，单击形状按钮可以将绘制的路径转换为形状图层
③	路径操作		与选区的运算方式相同，可以实现路径的相加、减去及交叉等运算。
④	对齐方式		与文字的对齐方式类同，可以设置路径的对齐方式（要选中）。
⑤	排列顺序		设置路径的排列方式
⑥	橡皮带		可以设置路径在绘制时是否连续
⑦	自动添加 / 删除		勾选此选项，用鼠标在选中的路径上单击可以增加一个锚点，如果在已有锚点上单击，则会删除一个锚点
⑧	对齐边缘		勾选此选项，用来对齐矢量图形边缘的像素网格

（2）"路径"面板，如图 9.5 所示，"路径"面板注解见表 9.2。"路径"面板可通过执行"窗口—路径"命令将它打开。工具选项栏选择"形状"或"路径"绘制出的路径效果都不一样，图 9.6 是选择"形状"后绘制出一个有填充内容的形状，在"图层"面板上有图层增加，在"路径"面板上显示为"形状 1 形状路径"。

图 9.5   "路径"面板

图 9.7 所示是选择"路径"后绘制出一个无填充内容的空心形状，在"图层"面板没有图层增加，在"路径"面板上显示为"工作路径"。

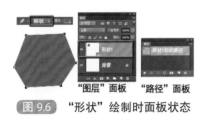

图 9.6   "形状"绘制时面板状态

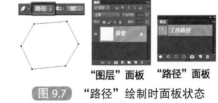

图 9.7   "路径"绘制时面板状态

表 9.2   "路径"面板注解（如图 9.5 所示）

序号	名称	说明
①	用前景色填充路径	在"工作路径"状态下，单击该按钮，可对当前选中的路径进行填充，填充颜色为前景色
②	用画笔描边路径	在"工作路径"状态下，单击该按钮，将用前景色沿着路径描边。描边的粗细取决于"画笔工具"笔刷的大小

序号	名称	说明
③	将路径作为选区载入	单击该按钮，系统自动将路径转换为选区
④	从选区生成工作路径	单击该按钮，将当前选区边界转换为工作路径
⑤	添加图层蒙版	单击该按钮，在"图层"面板上创建图层蒙版
⑥	创建新路径	单击该按钮，可以创建一个新路径，若拖动某个路径至按钮上，将会复制该路径；拖动工作路径至该按钮上，会将该路径转换为新建路径
⑦	删除当前路径	单击该按钮，即可删除当前选择的路径
⑧	路径菜单按钮	单击该按钮，可调出路径菜单

案例 9-1　用钢笔工具设置选区给嘴唇上唇膏

第一步：双击工作区打开"62 雀斑 .jpg"照片，如图 9.8 所示，按 Ctrl ＋＋将图像放大，将人物嘴唇放在窗口当中。

第二步：工具箱单击"钢笔工具" ，在工具选项栏中设置"路径" 路径 ，在嘴唇边缘上单击勾画出封闭的路径，如图 9.9 所示。此时工具选项栏的"建立"选项中"选区" 建立：选区… 按钮被激活，单击"选区"，会弹出"建立选区"对话框，在对话框中单击"新建选区"（通常默认），如图 9.10 所示，单击"确定"。一个虚线的选区生成了，如图 9.11 所示。

图 9.8　"雀斑 .jpg"照片

图 9.9　将嘴唇套出路径

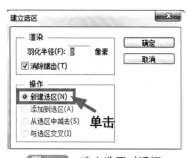

图 9.10　建立选区对话框

图 9.11　生成虚线选区

注意：①抠图都是用 路径 （工具选项栏），不能用 形状 。

②绘制路径时，起始点与终点最好要首尾闭合，形成封闭式路径，这样转选区后会比较完整和精确。

第三步：继续使用"钢笔工具" ，将牙齿周围套出封闭的路径线，如图 9.12 所示，在工具选项栏单击"选区" 建立：选区… 按钮，在弹出的"建立选区"对话框中单击"从选区中减去"，如图 9.13 所示，这样上唇膏时不会把牙齿填充上。

图 9.12 牙齿周边绘制出路径线

图 9.13 "建立选区"对话框

第四步：执行"选择—调整边缘"命令（或按"Ctrl + Alt + R"），打开"调整边缘"对话框，在对话框设置"半径"为 5，"羽化"为 3，如图 9.14 所示，"输出到"设置"新建图层"，单击"确定"。此时，"图层"面板增加了一个"背景拷贝"层，且"背景"层的眼睛也自动关闭（"背景"层自动隐藏），如图 9.15 所示。

第五步：执行"图像—调整—变化"命令，弹出"变化"对话框，如图 9.16 所示，在"变化"对话框中，先单击一下"原稿"图块，再单击 4 下"加深红色"，单击 3 下"加深洋红"，单击 2 下"加深蓝色"，单击"确定"。

图 9.14 "调整边缘"对话框

图 9.15 "图层"面板

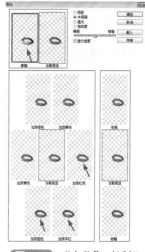

图 9.16 "变化"对话框

第六步：唇膏已经上好了，但这个唇膏上的很不自然，我们在"图层"面板上，将"背景"层的眼睛单击睁开，将"背景拷贝"层的混合模式改为"柔光"，如图 9.17 所示，最后上好唇膏的效果如图 9.18 所示。

（3）"自由钢笔工具" ，可以自由地绘制线条或曲线。它的工具选项栏大多数与"钢笔工具"一样，只是个别地方不一样，如图 9.19 所示。当勾选了"磁性的"选项后，再单击它左边的"橡皮带" 按钮，会拓展出"橡皮带选项"，如图 9.20 所示，这些选项的设置类似于"磁性套索工具"，在抠图时具有吸附能力。

图 9.17　混合模式改"柔光"

图 9.18　上唇膏完成效果

勾选"磁性的"

图 9.19　"自由钢笔工具"的工具选项栏

案例 9-2　用自由钢笔工具抠图

第一步：打开"29 红掌花 .jpg"照片，如图 9.21 所示。

第二步：工具箱单击"自由钢笔工具" ，工具选项栏设置如图 9.19 所示，沿着花周边单击，由于该工具带有磁性吸附力，所以它对边缘的检测很敏感，此时你可以边移动鼠标边单击，移动的步幅可以稍微大一些。

注意：使用"自由钢笔工具"勾选"磁性的"选项后，在绘制路径的过程中，可以按下"Delete" 删除键，删除最邻近的锚点，连续按删除键可以依次删除多个锚点，如果要退出路径创建，可以按"Esc" 退出键。

第三步：将三个花瓣都用路径套选好，在工具选项栏单击 建立： 选区… 按钮，在弹出的对话框中选择"新建选区"，此时，花瓣成为选区，如图 9.22 所示。执行"选择—调整边缘"命令（或按"Ctrl + Alt + R"），在"调整边缘"对话框中适当地调整一些半径（设置成 4）、羽化（设置成 2）等参数，"输出到"设置"新建图层"，单击"确定"。此时在"图层"面板上生成了"背景拷贝"层，如图 9.23 所示，这样抠图就完成了。

图 9.20　橡皮带选项

图 9.21　红掌花 .JPG

图 9.22　花瓣成为选区

第四步：在"图层"面板上，单击定位在"背景"层，将"背景"层的眼睛睁开，如图 9.24 所示，执行"编辑—填充"命令，选择绿色填充，填充效果如图 9.25 所示。

图 9.23　生成图层

图 9.24　定位在背景层

图 9.25　绿色填充效果

9.1.2.2　形状工具组

在 Photoshop 中预置了很多形状工具，利用它们可以轻松地创建各种常见的图形。"形状工具"包括 6 种，如图 9.26 所示。

（1）矩形工具："矩形工具" ▣ 用于绘制矩形或正方形，该工具对应的工具选项栏设置大部分与"钢笔工具"相似，如图 9.27 所示。

图 9.26　形状工具组

图 9.27　"矩形工具"的工具选项栏

① 工具选项栏选择"形状" 形状 时，绘制出的是有填充内容的矩形，并且在"图层"面板上会增加一层"形状 1"图层。在"路径"面板生成"矩形 1 形状路径"，如图 9.28 所示。

② 工具选项栏选择"路径" 路径 时，绘制出的是未填充的空心矩形，在"图层"面板上不增加图层，在"路径"面板上生成的是"工作路径"，如图 9.29 所示。

图 9.28　"形状"绘制时面板状态　　　　　图 9.29　"路径"绘制时面板状态

③ 工具选项栏选择"像素" 像素 时，绘制出以前景色填充的矩形，但它既不增加图层也不增加路径。

绘制时按下"Shift"键，可绘制出正方形。

（2）圆角矩形工具："圆角矩形工具" ▢ 用于绘制圆角矩形，它的工具选项栏大部分同"矩形工具"相似，只是增加了一个"半径"选项 半径 15 像素，"半径"数值的大小决定了圆角（倒角）弧度的大小，数值越大，绘制的圆角越大，反之则越尖锐。

（3）椭圆工具："椭圆工具" ⬭ 用于绘制椭圆或正圆，按下"Shift"键绘制出正圆。工具选项栏内容与"矩形工具"一样。

（4）多边形工具：使用"多边形工具" ⬡ 可以绘制出各种星形和多边形，如五角星、八边形，其工具选项栏多出一个"边"数值框 ⚙ 边: 6 ，它可以设置多边形的边数。

（5）直线工具："直线工具" ／ 用于绘制直线和箭头的形状或路径，在工具选项栏中"粗细"数值框 ⚙ 粗细: 10像素 中可以输入数值来决定直线的粗细，单位是像素。

（6）自定形状工具：使用"自定形状工具" ⬧ 可以绘制出各种不规则的形状，Photoshop提供了许多种预设的形状，如月牙、蝴蝶、心形、枫叶及多种相框等。自定形状工具的工具选项栏，可以打开"形状拾色器"，里面有若干形状图形，单击菜单按钮，可弹出菜单，在菜单下半部分可追加"形状"，也可载入"形状"。在第6章讲剪贴蒙版时做过这方面的案例，在此不再重复。

图 9.30 所示的是"形状工具"组里 6 种工具绘制出的图案。

注意：不同的形状工具绘制出的路径名称（显示在"路径"面板）不一样。

9.1.2.3　橡皮带设置

无论是"钢笔工具"、"自由钢笔工具"还是形状工具组里的 6 种工具，它们在绘制时，工具选项栏都有相应的"橡皮带" ⚙ 设置。

（1）"钢笔工具"只有"橡皮带"选项，勾选该选项，在绘制时会出现轨迹线。

（2）"自由钢笔工具"要先勾选"磁性的"选项，再设置"橡皮带"选项，这里面的内容类似于"磁性套索工具"工具选项栏的设置。

（3）"矩形工具"与"圆角矩形工具"的橡皮带设置内容一样，可选择"方形"、"固定大小"及"比例"；若勾选"方形"选项，绘制出的是正方形。

（4）"椭圆工具"的"橡皮带"内容同"矩形工具"类似，有个"圆"选项，勾选该选项，绘制出的是正圆。

（5）"多边形工具"的"橡皮带"内容有"平滑"、"星形"选项，勾选"平滑"绘制出椭圆，勾选"星形"绘制出带凹角的形状。

（6）"自定形状工具"的"橡皮带"内容与"矩形工具"一样。

图 9.31 是各种绘制路径工具的"橡皮带"选项的设置内容。

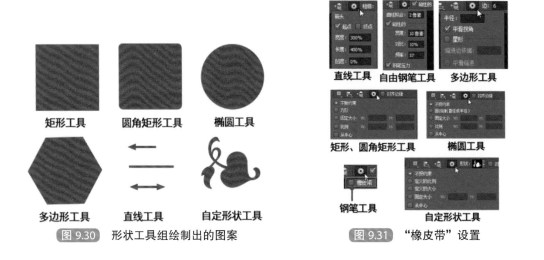

图 9.30　形状工具组绘制出的图案　　图 9.31　"橡皮带"设置

9.1.3 路径的编辑

绘制好的路径往往不是十分精确，达不到理想的效果，这时就需要对路径进行编辑和调整，而这些编辑和调整离不开两个工具，"路径选择工具"和"直接选择工具"，它们在工具箱的位置如图9.32所示。

（1）路径选择工具 ▶。"路径选择工具"用于选择整个路径及移动路径。只需在路径内部任意位置单击即可，路径上的锚点会以实心的方式显示，当拖移时，路径会跟着鼠标移动而形状不会改变。

图9.32　路径编辑工具

（2）直接选择工具 ▶。"直接选择工具"用于选择路径锚点和改变路径的形状。单击路径线，会出现锚点，拖动锚点可改变路径形状。

技巧一：按下"Ctrl"键可在"路径选择工具"和"直接选择工具"之间切换。

技巧二：在路径线上右击，在弹出的菜单中单击"添加锚点"，增加锚点可精确编辑路径。在锚点上右击，在弹出的菜单中单击"删除锚点"，可删除多余的锚点。

抠图操作示范如下。

第一步：打开"41拉布拉多狗.jpg"照片，如图9.33所示。

第二步：工具箱单击"钢笔工具" ✐，工具选项栏设置"路径" 路径 ⇕，沿着狗的边缘单击至首尾闭合，形成闭合的路径线。

第三步：按"Ctrl＋＋"将照片放大，观察狗的边缘路径线套出的位置有不精确的地方（先从头顶上看），如图9.34所示。到工具箱单击"直接选择工具" ▶，拖锚点，让锚点紧贴附在狗的边缘上，以达到精确。如果锚点不够多，路径线太长了，可在路径线上右击，在弹出的菜单上单击"添加锚点"，有了锚点就能精确调整了。

图9.33　"拉布拉多狗"照片

图9.34　边缘不精确的地方

注意：路径刚刚创建完毕，在使用"直接选择工具" ▶ 时，会出现鼠标拖锚点时，整个路径线框会跟着鼠标移动，此时在照片任意位置单击一下，让锚点消失，再单击路径线，让锚点显示出来，这样所有的锚点就可以控制了。

第四步：将路径转换为选区，在"路径"面板上单击"将路径作为选区载入"按钮，如图9.35所示。再执行"图层—新建—通过拷贝的图层"命令（或按"Ctrl＋J"），将狗单独复制出一个图层来，这样抠图完成了，这只狗还抠得比较精确。将"背景"层的眼睛关闭，效果如图9.36所示。

（3）路径的复制与删除。在"路径"面板上，若要快速复制路径，可直接将"路径1"（或"形状1形状路径"）拖移至"创建新路径" ◱ 按钮上即可。注：在拖移"工作路径"时，第一次拖移复制时会转变为"路径1"，再拖移复制一次后方可生成"路径1拷贝"。

单击

图 9.35　路径面板操作

图 9.36　抠图效果

在"路径"面板上，若要快速删除路径，可直接将"工作路径"（或"形状 1 形状路径"）拖移至"删除路径" 🗑 按钮上即可。

9.1.4　路径与选区的转换

使用选区工具有时，不一定能绘制出精确的选区，而用"钢笔工具"可以为形状复杂的图形绘制路径，用"直接选择工具" ➤ 可以精修每一个锚点，使之达到精确，然后单击"路径"面板上"将路径作为选区载入" ▣ 按钮，将其转换为选区。同理，若选区设置的不够精确，也可以将其转换为路径，再用"直接选择工具" ➤ 进行精修编辑，操作方法是在"路径"面板上单击"从选区生成工作路径" ◈ 按钮，如图 9.37 所示，将当前选取范围（虚线选区）转换为路径。

技巧：按"Ctrl + Enter"（回车键）可直接将路径转换为选区，很快捷。

9.1.5　实战练习

💡　**案例 9-3**　利用路径绘制五角星

第一步：新建 40 厘米 ×40 厘米，分辨率 72 像素 / 英寸的空白图片。执行"视图—显示—网格"命令，再执行"视图—标尺"命令，这样新建的图片会添加坐标网格、横标尺（X 轴向）及纵标尺（Y 轴向）；用"移动工具" ▸⊕ 在 X 轴向标尺和 Y 轴向标尺上拖出中心线（参考线），如图 9.38 所示。

将路径作为选区载入　　从选区生成工作路径

图 9.37　路径与选区的转换

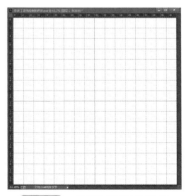

图 9.38　坐标网格及参考线

第二步：在工具箱，将前景色设置为黄色，背景色设置为红色。单击"多边形工具" ⬡，在工具选项栏设置如图 9.39 所示，① 选择"路径"；② 单击橡皮带按钮；③ 单击勾选"星形"；④"边"输入 5。在画布的参考线中心点开始，沿 Y 轴垂直向上拖画出五角星的路径线

（要按下"Shift"键画），如图9.40所示；⑤ 在工具选项栏单击"选区" 选区… ，会弹出"建立选区"对话框，在这个对话框中单击选择"新建选区"，如图9.41所示，单击"确定"。此时路径线转换成选区了，按"Alt＋Delete"键，用前景色填充。

①选择"路径"　⑤单击"选区"　②单击　④输入5　③勾选

图 9.39　"钢笔工具"的工具选项栏设置

图 9.40　画出五角星路径线

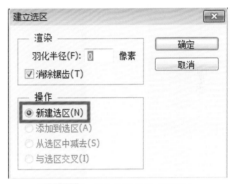

图 9.41　"建立选区"对话框

第三步：如果五角星画的大小不合适，还可按"Ctrl＋T"进行缩放，按回车键去掉变换框，按"Ctrl＋D"取消选区。在"历史记录"面板上建一个"快照1"。

第四步：黄色的五角星已经绘制出来了，此时，在"路径"面板上生成了"工作路径"，如图9.43所示，要继续绘制出半边红色，工具箱单击"钢笔工具" ，工具选项栏设置"路径" 路径 （注意：橡皮带不要勾选），从五角星的顶点单击，到中心点单击，再到拐点单击，绘制出一组路径线，如图9.42所示，此时在"路径"面板上生成"工作路径"，形状有所变化，成为尖角形状，如图9.44所示。在"历史记录"面板建"快照2"。

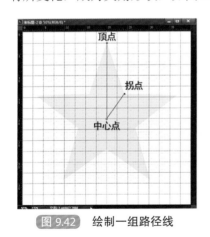

图 9.42　绘制一组路径线

图 9.43　工作路径

图 9.44　路径 1

第五步：在"路径"面板上，将"工作路径"拖移至"创建新路径" 按钮上，复制一下，此时没有新生成一个路径，而是将原来的"工作路径"变成"路径1"了，如图9.44所示（下半个图片），将"路径1"拖到"创建新路径" 按钮上，生成"路径1拷贝"，再把"路径

1拷贝"拖到"创建新路径"  按钮上，生成"路径1拷贝2"，在路径面板上一共要拖移复制5次，得到五个路径层，如图9.45所示。

第六步：在"路径"面板上，单击定位在"路径1"，按"Ctrl＋Enter"（回车键），将第一组路径线转换为选区，按"Ctrl＋Delete"，用背景色（红色）填充一个角，如图9.46所示；按"Ctrl＋D"取消选区。

第七步：在"路径"面板上，单击定位在"路径1拷贝"上，如图9.47所示，用"路径选择工具" ，将第二组路径线拖出来（五组路径线都重叠在一起了），按"Ctrl＋T"将这组路径线旋转一个角度，如图9.48所示，按回车键去掉变换框。按"Ctrl＋Enter"（回车键），将第二组路径线转换为选区，按"Ctrl＋Delete"，用背景色（红色）填充第二个角，如图9.49所示；按"Ctrl＋D"取消选区。

图 9.45　复制 5 个路径

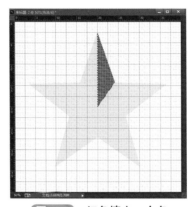

图 9.46　红色填充一个角

图 9.47　路径定位

注意：未转换为选区前，在旋转路径线角度时，一定要对齐位置，即顶点，中心点及拐点对齐，否则红色填充会偏移出五角星。

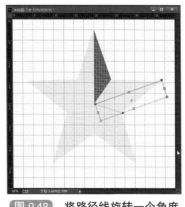

图 9.48　将路径线旋转一个角度

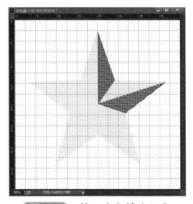

图 9.49　第二个角填充红色

第八步：依照上面的方法，可在"路径"面板上，分别选择不同的"路径"层，都用"路径选择工具" 把它们拖移、旋转后，放到合适的位置，并填充红色，效果如图9.50所示。

第九步：要将网格线、参考线及标尺全部取消掉，否则会产生打开任何照片都会带有网格线、标尺及参考线，这样会影响我们的视觉；执行"视图—显示—网格"命令，再执行"视图—显示—参考线"命令，执行"视图—标尺"命令。说白了，就是哪里借来的再到哪里还回去。

第十步：给五角星添加样式，工具箱单击“魔棒工具”，单击白色区域，再执行“选择—反向”命令（或按“Ctrl ＋ Shift ＋ I”），将五角星套为选区，执行“图层—新建—通过拷贝的图层”命令（或按“Ctrl ＋ J”），将五角星单独复制出来，生成“图层 1”，关闭“背景”层的眼睛，如图 9.51 所示。单击“添加图层样式”按钮，会弹出“图层样式”对话框，在对话框中选择“斜面和浮雕”，参数设置可根据实际效果调整，达到视觉上的满意即可，不要忘记单击“确定”。

第十一步：在“图层”面板上，定位在“背景”层，并将“背景”层的眼睛单击睁开，工具箱单击“渐变工具”，在工具选项栏打开渐变拾色器，选择“铜色渐变”，到五角星画布上拖线填充，效果如图 9.52 所示。

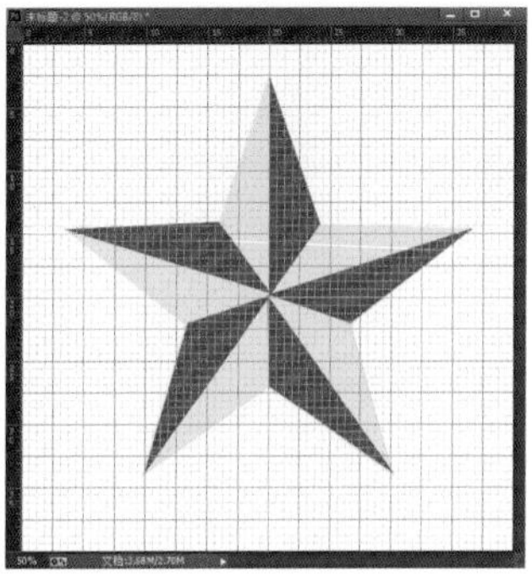
图 9.50　红色填充完成

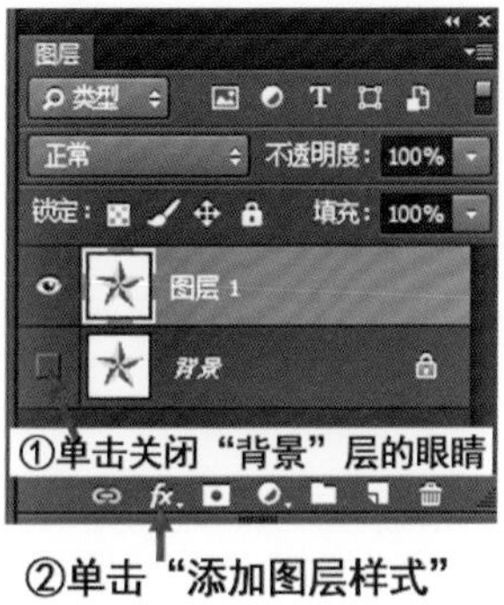

图 9.51　“图层”面板操作

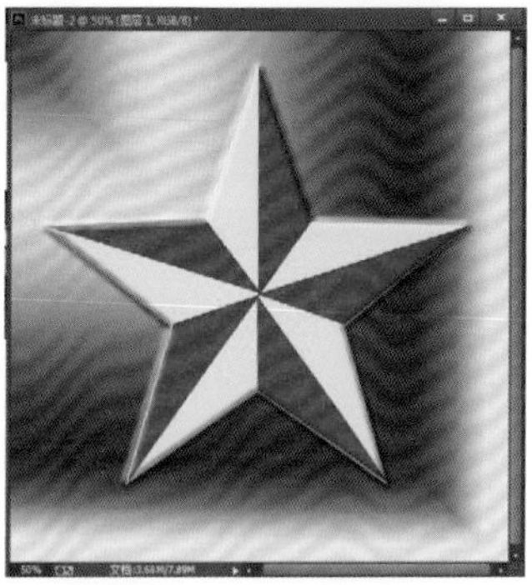
图 9.52　渐变填充效果

第十二步：最后合并图层（按“Ctrl ＋ Shift ＋ E”）。存盘：起个“五角星”的名字，保存类型选 JPEG。

案例 9-4　用钢笔工具修复闭眼照片

第一步：双击工作区，打开“73 修眼照片 01.jpg”和“74 修眼照片 02.jpg”两张照片；这两张照片是同一人，左边一张眼睛是完好的，右边一张眼睛是闭着的，如图 9.53 所示。

第二步：在完好眼睛照片上，按“Ctrl ＋＋”将照片放大，到工具箱单击“钢笔工具”，在工具选项栏中设置“路径” 路径，将左眼绘制出闭合路径，如图 9.54 所示，按“Ctrl ＋ Enter”（回车键），将路径转换为选区。

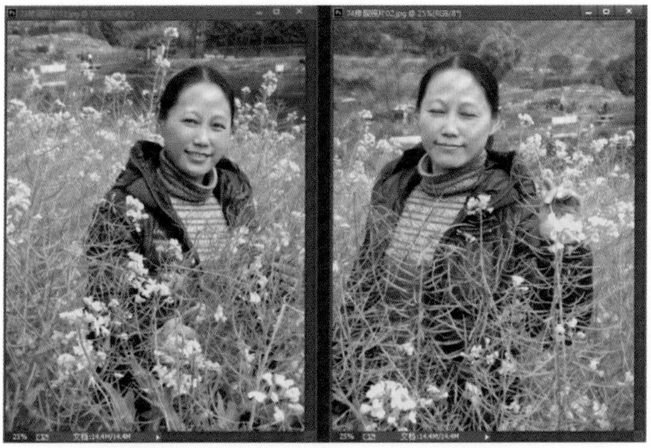
图 9.53　修眼照片 01 和修眼照片 02

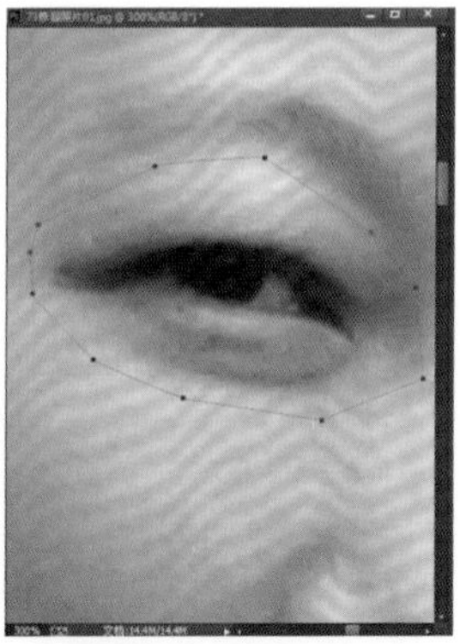
图 9.54　绘制闭合路径

第三步：执行“选择—调整边缘”命令（或按“Ctrl ＋ Alt ＋ R”），在“调整边缘”对话框中设置“羽化”值为 20 左右，如图 9.55 所示。不要忘记单击“确定”。用“移动工具”

将选区内完好眼睛拖移到闭眼照片上，在闭眼照片的"图层"面板上生成"图层 1"，如图 9.56 所示。

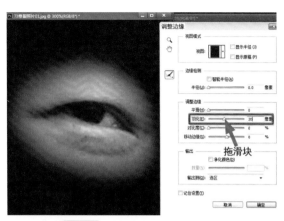

图 9.55　调整边缘设置羽化值　　　　　　　图 9.56　增加图层 1

注意：① 绘制路径时，一定要绘制的比眼睛要大，要留有余量，因为下面一步是要将选区边缘虚化柔和。如果路径贴着眼睛边绘制，一设置"羽化"眼睛都虚没了。

② 调整边缘时，要边拖"羽化"滑块，边观察眼睛周边虚化柔和的程度，不能虚的连眼睛都模糊了。目的是让拼过去的眼睛既清晰边缘又不那么生硬，显得自然贴切。

第四步：在闭眼照片上，如果新拼过来的眼睛大小或角度不合适，可执行"编辑—自由变换"命令（或按"Ctrl + T"），配"Shift"键进行适当的缩放，松开"Shift"键，再将自由变换框旋转到合适的角度，再移至合适位置，如图 9.57 所示。自由变换完成后，一定要按回车键，去掉变换框。

第五步：重复第二步和第三步的操作，在完好眼睛照片上，将右眼绘制出闭合的路径并转换为选区，同样，设置羽化值 20 左右，用"移动工具" 将选区内完好眼睛拖移到闭眼照片上，并按"Ctrl + T"将眼睛大小及角度调整好，如图 9.58 所示，按回车键，去掉变换框。

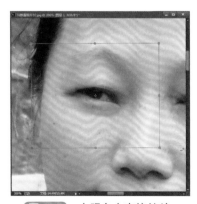

图 9.57　左眼自由变换缩放　　　　　　　图 9.58　右眼自由变换缩放

注意：在完好眼睛照片上，在给右眼绘制路径之前，要先将左眼的虚线取消掉，即按"Ctrl + D"。

第六步：执行"图层—合并可见图层"命令（或按"Ctrl + Shift + E"），将"图层 1"和"图层 2"及"背景"层合并为一层，生成"背景"层。

第七步：照片上右眼拼合后，边上有一些黑色的斑痕，如图 9.59 所示，到工具箱单击"修补工具" ，工具选项栏设置"内容识别" 内容识别 ，将黑色斑痕修干净，也可以将脸上的小色斑及皱纹也修干净，使得照片更加完美，效果如图 9.60 所示。

图 9.59　脸上斑痕处

图 9.60　修复后效果

📝 案例 9-5　制作 LOG

第一步：新建 40 厘米 ×40 厘米，分辨率 72 像素 / 英寸，颜色模式 RGB，背景为透明的空白画布。在工具箱单击"自定形状工具" ，工具选项栏设置"形状" 形状 ，打开"形状拾色器"，单击"菜单"按钮，如图 9.61 所示，在菜单中单击"装饰"，在弹出的对话框中单击"追加"，追加一组"装饰"形状。

第二步：在"形状拾色器"中单击"花形饰件 2"（这是新追加进的形状），如图 9.62 所示，在空白画布上画出一个花形图案，如图 9.63 所示。

单击打开"形状拾色器"

图 9.61　形状拾色器

图 9.62　单击新形状

图 9.63　绘制出花形图案

第三步：打开"样式"面板，①单击菜单按钮，追加"文字效果 2"；②单击"双重绿色粘液"（如图 9.64 所示），使形状变为色彩鲜艳的立体图案，如图 9.65 所示。此时"图层"面板和"路径"面板如图 9.66 所示。

第四步：在工具箱单击"横排文字工具" ，在工具选项栏设置字体为"华文琥珀"，大小为 130 点，写"桑榆晚诗社"几个字（字体颜色为黑色或红色均可）。用"移动工具" 将字体移放在中间，如图 9.67 所示。

第五步：在文字工具的状态下，在工具选项栏单击"创建变形文字" 按钮，在弹出的"变形文字"对话框中设置"扇形"，弯曲度为 +60，如图 9.68 所示，单击"确定"。用"移动工具" 拖放合适，在"样式"面板上单击"鲜红色斜面" ，让字体变成大红色且带有立体感的效果，如图 9.69 所示。

① 追加 "文字效果2"
单击菜单按钮

② 单击 "双重绿色粘液"

图 9.64 "样式"面板

图 9.65 鲜艳立体图案

图 9.66 "图层"面板和"路径"面板

图 9.67 写字后效果

第六步：在"图层"面板上单击定位在"形状 1"图层，右击，在弹出的菜单中单击"栅格化图层"，使该图层变成普通图层。

图 9.68 文字变形设置

图 9.69 文字变形后效果

"形状图层"与"文本图层"有相似的地方，即一些工具是不能直接对它进行编辑，如画笔工具、橡皮擦工具等，要将图层"栅格化"后才能使用。

第七步：用"橡皮擦工具"，控制好笔刷大小，笔刷用尖角，将绿色花中与文字邻近的部分擦除干净。效果如图 9.70 所示。

第八步：在工具箱单击"横排文字工具" T，在工具选项栏设置字体为"经典叠圆体简"（要安装过方正字库才会有这种字体），大小为 110 点，写 SYWSS 四个大写字母，在"样式"面板单击"金黄色斜面内缩" ，使字体呈金黄色轮廓状，效果如图 9.71 所示。

注意：写字时要写在上面，距离"桑榆晚诗社"字体远一点，如图 9.71 所示，否则会受路径线干扰，写完后再用"移动工具" 将字体移放到中心。

第九步：用"裁剪工具" 将多余部分裁剪掉，效果如图 9.72 所示；执行"图层—合并可见图层"命令，再执行"文件—存储"命令，保存成 PSD 类型的文件。

图 9.70 擦除后效果

图 9.71 字母书写位置

图 9.72 裁剪后效果

9.2 动作

在 Photoshop 中，可以把正在进行的一系列操作有顺序地录制并存储到"动作"面板中，以便在以后的操作中通过播放存储的"动作"对不同的图像自动执行相同的操作。通过应用"动作"功能，可以对图像进行自动化操作，以达到事半功倍的效率。

9.2.1 动作面板

"动作"面板可以记录、编辑和删除动作，还可以创建新动作，存储和载入动作文件，"动作"面板可以从窗口菜单中调出。

"动作"面板可通过执行"窗口—动作"命令，将它打开。

图 9.73 所示是"动作"面板，表 9.3 详细介绍"动作"面板。

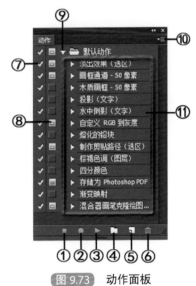
图 9.73 动作面板

表 9.3 "动作"面板注解（如图 9.73 所示）

编号	名称	说明
①	停止播放记录	单击该按钮，可以停止前面的录制。该按钮在录制动作时才可用
②	开始记录	单击该按钮，可以录制一个新动作。该按钮在录制的过程中显示为红色
③	播放选定的动作	单击该按钮，可以执行当前选定的动作
④	创建新组	单击该按钮，可以创建一个新的动作文件夹
⑤	创建新动作	单击该按钮，可以创建一个新动作，新建动作将出现在选定的组文件夹中

编号	名称	说明
⑥	删除	在动作面板中，选择需要删除的预设动作或动作文件夹，然后单击该按钮，即可将它们删除
⑦	切换项目开关	该项目勾选且显黑色时，表示该项动作可以执行。
⑧	切换对话开关	当该按钮呈红色方框状态时，在执行动作过程中，会弹出相应对话框，等待用户在其中进行需要的设置，在单击"确定"按钮后才能继续往下执行。没有显示红色方框图标时，Photoshop 会按动作中的设置逐一往下执行
⑨	展开动作按钮	这是个折叠三角，单击它可以"展开 / 隐藏"所有的动作
⑩	动作面板菜单	单击该按钮可以调出动作面板的菜单，从中选择执行相应的命令
⑪	动作	Photoshop CC 预设了 13 套动作，如"投影（文字）"、"水中倒影（文字）"、"四分颜色"等

9.2.2 动作的应用

在 Photoshop CC"动作"面板上已有许多组现成的动作供我们使用，动作的应用其实很简单，首先要打开一张照片，在"动作"面板上，单击选中一套动作，再单击"播放选定的动作" （以下简称"播放"按钮）按钮即可开始执行了，如图 9.74 所示。

图 9.74　"动作"面板命令按钮

💡 **案例 9-6**　利用动作给照片添加特殊效果

第一步：打开"07宝贝 3.jpg"照片，如图 9.75 所示，在"动作"面板上，①单击选中"木质画框 -50 像素"，②单击"播放"按钮（如图 9.76 所示），弹出对话框，单击"继续"，一套动作开始播放，这些播放过程都变成"历史记录"，一个漂亮的相框就套在"宝贝 3"照片上了。如图 9.77 所示。

图 9.75　宝贝 3 照片

图 9.76　动作面板操作

图 9.77　动作应用效果

注意："画框通道 -50 像素"和"木质画框 -50 像素"，这两套动作在播放时都会弹出对话框，提示"图像的高度和宽度均不能小于 100 像素"，要单击"继续"。

第二步：在"历史记录"面板上单击"07 宝贝 3.jpg"，回退到打开状态（也可按 F12 功能键），在"动作"面板执行下一组动作"棕褐色调(图层)"，单击选中该套动作，单击"播放"按钮，照片会自动变成褐色调的，如图 9.78 所示。

第三步：按"F12"，回退到照片打开状态，在"动作"面板单击选中"四分颜色"，单击"播放"按钮，照片出现四种色调平均分布的效果，如图 9.79 所示。

第四步：按"F12"，回退到照片打开状态，在"动作"面板单击选中"渐变映射"，单击"播放" 按钮，照片呈暖色调，如图9.80所示。

图 9.78 棕褐色调效果

图 9.79 四分颜色效果

图 9.80 渐变映射效果

第五步：按"F12"，回退到照片打开状态，在"动作"面板单击选中"自定义RGB到灰度"，单击"播放" ▶按钮，出现"通道混合器"对话框如图9.81所示，这是制作黑白照片的一个过程，适当调整各参数（边调整边观察照片效果），单击"确定"，最终效果如图9.82所示。

图 9.81 "通道混合器"对话框

图 9.82 黑白照片

在动作组中，"投影（文字）"和"水中倒影（文字）"是针对文字进行修饰的两套动作。

案例 9-7 动作在文字中的应用

第一步：新建宽度25厘米×高度15厘米、分辨率默认、RGB颜色模式、背景内容为白色的空白图片。

第二步：在工具箱单击"横排文字工具T"，在工具选项栏设置：字体为"华文行楷"，大小160点，颜色取红色，写"夕阳红"三个字，在"图层"面板上增加了一个文字图层，如图9.83所示，在"历史记录"面板上创建"快照1"。

第三步：在"动作"面板上，单击选中"投影（文字）"动作，单击"播放" ▶按钮，得到结果如图9.84所示。在"历史记录"面板上单击"创建新快照" 按钮，建立一个"快照3"，如图9.85所示。

图 9.83 图层面板

图 9.84　投影文字效果

图 9.85　"历史记录"面板

图 9.86　"图层"面板

图 9.87　水中倒影文字效果

注意："快照 2"是运行过"投影（文字）"动作后自动生成的。

第四步：在"历史记录"面板上回退到"快照 1"，在"图层"面板上单击定位在"背景"层，如图 9.86 所示，按"Alt ＋ Delete"键用前景色填充（此时工具箱的前景色应该是黑色）。

第五步：在"图层"面板上定位在文字图层，在"动作"面板上单击选中"水中倒影（文字）"动作，单击"播放" 按钮，得到效果如图 9.87 所示。

其余的动作在此不再一一列举演示。

9.2.3　将已有的动作组添加到动作面板上

在本教材配有的图像素材里有一套动作，是"90 细化皮肤动作 .atn"文件，如图 9.88 所示，这是一套可以将人物脸部皮肤处理得细腻、光滑的动作。可将该文件载入到"动作"面板上，供我们使用。

首先，要把这套动作添加到"动作"面板上，添加的方法有三种。

方法一：在桌面上双击"计算机"图标，打开"计算机"窗口，找到存放"细化皮肤动作"的路径，双击该文件图标（如图 9.88 所示）可直接将这套动作添加到"动作"面板上。

90细化皮肤动作.
atn

图 9.88　动作文件

方法二：打开"动作"面板，再打开"计算机"窗口，找到"90 细化皮肤动作 .ant"文件，用鼠标点住它，将它拖移到"动作"面板上即可。

方法三：打开"动作"面板，单击右上角菜单按钮 ，在菜单中单击"载入动作"，会弹出"载入"对话框，找到已"90 细化皮肤动作 .atn"文件，选中后单击"载入"即可。

"细化皮肤动作"文件被载入到"动作"面板后，生成"默认动作 .atn"文件夹，如图 9.89 所示。

应用

第一步：打开"58 去斑样片 .jpg"照片，如图 9.90 所示，工具箱单击"污点修复画笔工具" ，将脸上两个较为明显的黑斑修干净。

第二步：在"动作"面板，找到"细化皮肤动作"（注："细化皮肤动作"被"动作"面板默认为"默认动作 .atn"文件夹，应用时要展开这个文件夹），单击选中（定位）"皮肤处理"，如图 9.91 所示，单击"播放" ▶ 按钮。动作开始运行，但在运行的过程中会弹出提示对话框，如图 9.93 所示，在这个对话框中单击"继续"，皮肤已经被细化了，如果感觉细化的力度还不够，可再一次单击"播放" ▶ 按钮，运行第二次，最终效果如图 9.92 所示。

图 9.89　新增加动作

图 9.90　去斑样片

图 9.91　"动作"面板定位

图 9.92　应用后效果

图 9.93　细化皮肤提示对话框

9.2.4　删除动作

在"动作"面板上单击选中要删除的动作，单击"删除" 🗑 按钮，出现提示对话框（如图 9.94 所示）"是否删除所选动作？"，单击"确定"就会将该套动作删除。简单的方法是在"动作"面板上，点住要删除的动作，直接拖移到"删除" 🗑 按钮上即可，不会出现提示。

图 9.94　删除动作提示对话框

第10章

神奇的滤镜

Ps

滤镜主要用来实现图像的各种特殊效果，它在 Photoshop 中具有非常神奇的作用。Photoshop 中的所有滤镜都放在"滤镜"菜单中，有近百种滤镜，而这么多种滤镜均可直接应用于图像，并且效果明显直观，况且我们在前面几章的举例中，已有部分案例应用了滤镜的功能，因此在此不做详细的介绍，只挑选几个范例讲解一下，读者可根据实际需要分别选择应用。

10.1 如何正确使用滤镜

滤镜只能应用在普通图层，它不能应用在文字图层和形状图层，当应用到这两特殊图层时，一定要栅格化图层。滤镜应用起来比较方便，但使用滤镜效果会占用大量内存特别是在处理一些高分辨率的图像时更是如此，在使用滤镜时要适当地掌握一些技巧。

① 在应用滤镜前先执行"编辑—清理—全部"命令，释放内存，但要注意，当内存需要释放时，"清理"命令才被激活。

② 设置选区，先对选区小范围使用滤镜效果，然后按"Ctrl ＋ Shift ＋ I"反向，按"Ctrl ＋ F"重复使用滤镜效果。

③ 执行了一个滤镜命令后，在"滤镜"菜单中第一个命令会变成刚使用过的滤镜，单击或按"Ctrl ＋ F"可以再次执行该滤镜命令。

10.2 智能滤镜

智能滤镜是一种非破坏性的滤镜，它作为图层效果保存在"图层"面板上，能够随时调整滤镜参数，隐藏或者删除，这些操作都不会对图像造成任何实质性的破坏，它兼有滤镜和智能对象两种功能的特点。

案例 10-1　制作特效宠物猫

第一步：打开"47 猫一 .jpg"照片，如图 10.1 所示，在"图层"面板上拖移"背景"层至"创建新图层" 按钮上，生成"背景拷贝"层，如图 10.2 所示。

第二步：执行"滤镜—转换为智能滤镜"命令，"背景拷贝"层会出现提示对话框，如图 10.3 所示。①单击勾选"不再显示"，②单击"确定"。此时图层面板上"背景拷贝"图层的缩览图上多了个智能滤镜标记，如图 10.4 所示。

在"历史记录"面板上单击"创建新快照" 按钮，建一个"快照 1"。

图 10.1 猫一

图 10.2 生成背景拷贝层

①单击勾选"不再显示"

图 10.3 转智能滤镜对话框

图 10.4 智能滤镜标记

第三步：执行"滤镜—像素化—铜版雕刻"命令，在弹出的"铜版雕刻"对话框中，单击"类型"扩展按钮，在下拉列表中选择"长描边"，如图 10.5 所示，单击"确定"，效果如图 10.6 所示。

图 10.5 "铜版雕刻"对话框

图 10.6 铜版雕刻效果

图 10.7 油画参数设置

第四步：在"历史记录"面板上单击"快照 1"，执行"滤镜—油画"命令，在弹出的"油画"对话框中进行参数设置，如图 10.7 所示，边设置边观察照片上猫的变化，认为合适就单击"确定"。生成了油画效果，如图 10.8 所示。

第五步：在"历史记录"面板上单击"快照 1"，用"椭圆选框工具" ⬭ 将猫的脸部绘制出椭圆选区，再执行"滤镜—像素化—马赛克"命令，在弹出的"马赛克"对话框中设置"单元格大小"为 30 左右，如图 10.9 所示，目的是让猫的脸部被马赛克遮挡，不被看清，单击"确定"，效果如图 10.10 所示。

图 10.8　油画效果　　　图 10.9　"马赛克"对话框　　　图 10.10　马赛克效果

"滤镜"菜单中还有"扭曲"滤镜、"渲染"滤镜及"风格化"滤镜等，读者可根据需要直接应用，在此不再一一介绍。

注意：图层不转"智能滤镜"也可以应用滤镜命令，但在应用滤镜命令前最好复制一个"背景拷贝"层，或在图像绘制选区局部应用。这样对原图不会有损伤，局部应用会减少占用内存。

10.3　液化滤镜

"液化"滤镜可以对图像的局部作一些可塑性很高的变形处理，它提供了推、拉、旋转、折叠和膨胀图像局部的功能，可以让歪嘴校正、小眼睛变大眼睛、胖变瘦以及瘦变胖等。

案例 10-2　利用液化校正五官

第一步：打开"67 五官校正 .jpg"照片，这张照片上人物的嘴巴和鼻子有点歪。

第二步：执行"滤镜—液化"命令，弹出"液化"窗口，如图 10.11 所示。

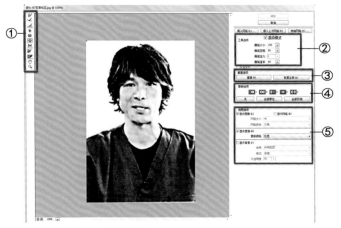

图 10.11　"液化"对话框

① 液化工具箱：有 11 种工具，各工具的作用见表 10.1。

② 工具选项设置：可设置画笔大小、密度、压力及速率。

③ 重建选项：单击"重建"按钮，将已作过液化变形操作的区域逐步恢复到初始状态；单击"恢复全部"，将已作过液化变形的操作一次性恢复到初始状态。

④ 蒙版选项：设置蒙版的创建方式。单击"全部蒙住"按钮，冻结整个图像；单击"全部反相"按钮，反相所有冻结区域。

第10章 神奇的滤镜

表 10.1　液化工具箱注解（从上到下按顺序）

名称	说明
向前变形工具	通过鼠标在图像上拖动，会使图像向拖动的方向产生变形
重建工具	单击可以恢复前一步操作，单击数次可依次恢复前面的操作
平滑工具	单击可以恢复前一步操作，但它的恢复比较平滑（在右边勾选了"高级模式"后才会有该工具）
顺时针旋转扭曲工具	顺时针旋转拖移鼠标，将图像进行顺时针旋转变形。配"Alt"键会逆时针旋转变形（在右边勾选了"高级模式"后才会有该工具）
褶皱工具	拖移鼠标，将图像向中心收缩变形。配"Alt"键是向外扩张变形
膨胀工具	单击使图像局部向外膨胀变形。配"Alt"键单击是向内缩小变形
左推工具	将图像以与拖动方向垂直的方向推挤，配"Alt"键变右推工具
冻结蒙版工具	将不需要液化的区域创建为冻结蒙版，选择的图像局部将被保护起来，不受变形的影响（在右边勾选了"高级模式"后才会有该工具）
解冻工具	解除图像中冻结的区域（在右边勾选了"高级模式"后才会有该工具）
抓手工具	可以方便地移动编辑图像（只有在放大图像后方可使用）
缩放工具	放大或缩小（按"Alt"键可在放大或缩小中切换）显示图像

⑤ 视图选项：定义当前图像、蒙版以及背景图像的显示方式。

"液化"对话框的右边是"工具选项"、"重建选项"、"蒙版选项"和"视图选项"。右边有个"高级模式"选项，未勾选时，左边工具箱有 7 个，右边的工具选项内容也比较少，如图 10.12 所示；若勾选了"高级模式"，左边工具箱变成 11 个，右边工具选项内容增加许多，如图 10.13 所示。

左边工具箱　　右边工具选项　　　　左边工具箱　　右边工具选项

图 10.12　未勾选"高级模式"　　图 10.13　勾选"高级模式"

在"工具选项"中可设置笔刷大小（也可用"[ ]"来控制）、画笔压力等，画笔压力是控制变形程度的，压力越大变形效果越明显。

"重建选项"中有两个按钮 重建(U)... 恢复全部(A) ，只有在使用过"液化"工具后才会被激活，"重建"等于"重建工具"，而"恢复全部"表示恢复到原始状态。

"蒙版选项"中有五种选区的设置方式 以及三种蒙版按钮 无 全部蒙住 全部反相 ，选择"全部蒙住"表示整个图像都被保护，不能进行变形操作；选择"全部反相"类似于"选择—反向"命令，即选用"冻结蒙版工具" 刷出一片区域，再单击"全部反相"按钮，则原来的蒙版区域被解冻，而其他区域被蒙住。

第三步：左边工具箱单击"冻结蒙版工具" ，设置笔刷大小为 150 像素，将人物的嘴和鼻子蒙住，如图 10.14 所示，再单击" 全部反相 "按钮，如图 10.15 所示，目的是只将嘴和鼻子局部露出来进行变形校正，其余区域都被保护起来。

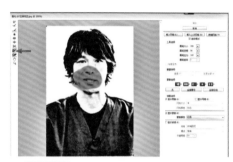

图 10.14 "冻结蒙版"蒙住嘴和鼻子

图 10.15 蒙版"全部反相"效果

第四步：单击"向前变形工具" ，笔刷大小仍为 150 像素，其余参数默认，用鼠标点住左边上翘的嘴角向下拖移，将右边嘴角略微向上拖一点，再将鼻子尖向右略微拖一点，边拖移边观察效果，幅度不要过大。若操作失误，可单击"重建工具" 工具涂抹，被涂抹的区域会局部恢复为原始，也可单击右边的"恢复全部"按钮，一次性回退到初始状态。

图 10.16 五官校正后效果

第五步：在"蒙版选项"中单击"无"，退出蒙版状态，单击"确定"。退出"液化"窗口，最终效果如图 10.16 所示，也可以在"历史记录"面板上来对比液化前与液化后的效果。

案例 10-3 利用液化滤镜变大眼睛

第一步：打开"31 花斑狗 .jpg"照片。

第二步：执行"滤镜—液化"命令，弹出"液化"对话框，按"Ctrl ++"将图像放大，左边工具箱单击"膨胀工具" ，如图 10.17 所示。笔刷大小为 80，其余参数默认，分别在两只狗的两个眼睛上单击（注意：笔刷的中心要正对着眼睛的眼珠），使眼睛变大，一次不行可单击两次。按"Ctrl + 0"满画布显示。最后单击"确定"。很明显，使用过"膨胀工具"后，两只狗的眼睛都变得大而亮了，如图 10.18 所示。

注意：按下"Alt"键单击是让眼睛变小。

图 10.17 单击"膨胀工具"

图 10.18 眼睛变大后效果

案例 10-4 利用"液化"改变外形

第一步：打开"41 拉布拉多狗 .jpg"照片，如图 10.19 所示。

第二步：执行"滤镜—液化"命令，弹出"液化"对话框，左边工具箱单击"顺时针旋转扭曲工具" ⟳ ，笔刷大小为 100，在狗的额头上按下左键不动，旋转的效果会自动出现，如图 10.20 所示。

图 10.19 拉布拉多狗

图 10.20 旋转后效果

第三步：单击"左推工具" ⟸ ，笔刷大小为 150，在狗的左耳朵边缘拖移鼠标（按住"Alt"键可变为"右推工具"），使两只耳朵变形，如图 10.21 所示。

第四步：单击"褶皱工具" ⟨⟩ ，笔刷大小为 150，将中心对准狗的鼻子单击，鼻子会变小，按下"Alt"键单击狗的嘴巴，可将嘴巴撑大，效果如图 10.22 所示。

无论使用过哪种变形工具，如果认为变形效果不好，可按"Ctrl ＋ Z"回退一步，按"Ctrl ＋ Alt ＋ Z"键可回退多步。也可单击"重建工具" ✎ 涂抹，局部恢复。若单击右边"恢复全部"按钮，可回退到初始状态。液化变形结束要单击"确定"。

图 10.21 "左推工具"效果

图 10.22 "褶皱工具"效果

10.4　滤镜库

　　滤镜库是 Photoshop CC 对其自带的大部分滤镜功能的一个整合，可以一次性打开风格化、画笔描边、扭曲、素描、纹理和艺术效果滤镜，因此读者可以直接使用滤镜库对图像进行多种滤镜效果的编辑，还可以使用对话框中的其他滤镜替换原有的滤镜。这样能够提高图像处理的灵活性、机动性和工作效率，节省了大量时间。

10.4.1　认识滤镜库界面

　　打开"45 猫二 .jpg"照片，执行"滤镜—转换为智能滤镜"命令，再执行"滤镜—滤镜库"命令，会弹出"滤镜库"对话框，如图 10.23 所示。在这个对话框中，"滤镜选择区"包含六组滤镜，单击滤镜组左边的折叠三角▷按钮，会展开该组的滤镜选项，一般是以缩览图的方式显示。单击每个缩览图都会直接应用该滤镜，并且在"效果预览区"显示出效果。右上方"参数设置区"是对当前选择的滤镜命令进行参数设置的区域，拖动滑块可改变所添加的滤镜效果的数值大小，若单击扩展按钮，可在下拉列表中选择变化的类型。

图 10.23　"滤镜库"对话框

　　单击"新建效果图层"按钮，会增加新的滤镜图层，单击"删除效果图层"按钮，可将选择的效果图层删除。

10.4.2　滤镜库的应用

　　仍然是"45 猫二 .jpg"照片，制作水彩画效果，在"滤镜库"对话框中：滤镜选择区单击"艺术效果"文件夹，单击"海报边缘"，在参数设置区，设置厚度是 4，强度是 4，海报化为 0。再单击"木刻"，设置色阶数 8，边缘简化度 5，边缘逼真度 3。单击"画笔描边"文件夹，单击"深色线条"滤镜，设置平衡 9，黑色强度 8，白色强度 0。最后单击确定，猫的照片变成水墨画的效果了，如图 10.24 所示。

　　在"历史记录"面板上建"快照 1"。回退到打开，再一次执行"滤镜—转换为智能滤镜"命令，再执行"滤镜—滤镜库"命令，在弹出的"滤镜库"对话框中，单击"素描"文件夹，单击"图章"，适当调整"参数设置区"的几个参数，边调整边观察图像变化的效果，感觉有了素描效果就单击"确定"，效果如图 10.25 所示。

图 10.24　水墨画效果

图 10.25　素描效果

10.4.3　判断应用了哪些滤镜

当我们给一张照片应用滤镜时，首先要将它转换为"智能滤镜"，这样我们以后对照片不管应用了滤镜库里哪一种滤镜，在"图层"面板上都会有所显示，如图 10.26 所示，这是用过"素描"滤镜效果后的"图层"面板，双击"滤镜库"就可打开"滤镜库"对话框，会显示出应用的滤镜及相应的参数。

图 10.26　智能滤镜图层

10.5　高反差保留

"高反差保留"命令主要用于图像的清晰化处理其作用是在图像中颜色过渡明显的地方，保留制定半径内的边缘细节，并隐藏图像的其他部分，它可以去除图像中低频细节，其效果与高斯模糊正好相反。半径从 0.1 ～ 250.0 像素，半径越小，色彩差异越小；半径越大，色彩差异越大；一般 10 左右为好。

案例 10-5　利用高反差保留命令调整模糊照片

第一步：打开"52 偏色模糊照片 .jpg"照片，这张照片是在室内拍摄的，既偏色又模糊，如图 10.27 所示。

第二步：在"图层"面板，将"背景"层拖移至"创建新图层" 按钮上，生成"背景拷贝"层，如图 10.28 所示。

图 10.27　偏色模糊照片

图 10.28　复制图层

第三步：在"图层"面板上，定位在"背景拷贝"层，单击"创建新的填充或调整图层" 按钮（如图 10.29 所示），在弹出的下拉列表中单击"色彩平衡"命令，会弹出"属性"面板，如图 10.30 所示，调整各参数分别为 -24，+5，+37，目的是给照片纠正色彩。此时在"图层"面板上增加了一个"色彩平衡 1"的调整图层，如图 10.29 所示。

第四步：单击定位在"背景拷贝"层，如图 10.31 所示，执行"滤镜—其他—高反差保留"命令，弹出"高反差保留"对话框，如图 10.32 所示，设置半径为 10（半径：用来设置像素之间颜色过渡情况的半径区域），单击"确定"。

图 10.29　增加调整图层

图 10.30　属性面板

图 10.31　单击定位图层

第五步：在"图层"面板上，将"背景拷贝"层的混合模式改为"叠加"，如图 10.33 所示。图像由原来的模糊变得清晰了，执行"图层—合并可见图层"命令。

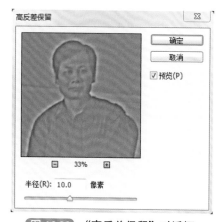
图 10.32　"高反差保留"对话框

图 10.33　更改图层模式

此时，照片上小女孩的脸还有点模糊，继续下面的操作。

第六步：工具箱单击"椭圆选框工具" ⬭，将小女孩单独套出选区，如图 10.34 所示，执行"选择—调整边缘"命令，输入羽化值为 50（要视选区大小而定），其余参数均为 0；执行"滤镜—锐化—UMS 锐化"命令，在弹出的"USM 锐化"对话框中设置"数量 78"、"半径 12"（要视图像清晰程度而定），如图 10.35 所示，单击"确定"；按"Ctrl ＋ D"取消选择。

图 10.34　小女孩单独套出选区

图 10.35　UMS 锐化对话框

第七步：在"图层"面板上单击"创建新的填充或调整图层"  按钮，在下拉列表中单击"曲线"，在"属性"面板上调整曲线，让照片再亮一些，如图 10.36 所示，调整后的效果如图 10.37 所示。

图 10.36　调曲线

图 10.37　调整后照片效果

10.6　锐化滤镜中的 USM 锐化

"USM 锐化"滤镜用于调整图像边缘细节的对比度，锐化图像的边缘轮廓，使图像更加清晰，一般多用于选区范围内的调整，若不设置选区则默认对整张照片的调整。

💡 **案例 10-6**　用 USM 锐化使模糊图像变清晰

第一步：打开"64 调整模糊照片 .jpg"照片，如图 10.38 所示，这是一张在阴天拍摄的风景照片，图像较模糊。

第二步：在"图层"面板上单击"创建新的填充或调整图层" 按钮，在弹出的下拉列表中单击"曲线"，在"属性"面板中将照片的亮度适当调整，如图 10.39 所示。再一次单击"创建新的填充或调整图层" 按钮，在弹出的下拉列表中单击"色相／饱和度"，在"属性"面板中调饱和度为 +30，明度为 +8，如图 10.40 所示。

图 10.38　调整模糊照片

图 10.39　调整曲线

图 10.40　调色相饱和度

第三步：在"图层"面板上单击定位在"背景"层，如图 10.41 所示，执行"滤镜—锐化—USM 锐化"命令，弹出"USM 锐化"对话框，如图 10.42 所示，在对话框中设置"数量"为 65，"半径"为 200（视图像清晰度而定），"阈值"为 0，单击"确定"，图像变得很清晰，效果如图 10.43 所示。

注意："数量"用于调整锐化的清晰度，数值越大，锐化效果越明显。

"半径"用于设置图像周围锐化的范围，数值越大，锐化范围越广。

"阈值"用于设置相邻像素的差值。

图 10.41 "图层"面板

图 10.42 "USM 锐化"对话框

图 10.43 调整后效果

10.7 扭曲滤镜中的极坐标

"极坐标"滤镜是根据选中的照片，将照片内容从平面坐标转换到极坐标，或将极坐标转换到平面坐标，使图像得到强烈变形的效果。

在图像素材中，打开"花卉"文件夹，打开"鲜花 018.jpg"照片，如图 10.44 所示；执行"图像—图像旋转—垂直翻转画布"命令，将鲜花倒置，如图 10.45 所示。

图 10.44 鲜花 018

图 10.45 垂直翻转效果

再执行"滤镜—扭曲—极坐标"命令，会弹出"极坐标"对话框，如图 10.46 所示，这里只有两个选项，一个是"平面坐标到极坐标"，另一个是"极坐标到平面坐标"，选择哪一个选项，都在预览窗中可看到效果，我们选"平面坐标到极坐标"，单击"确定"。极坐标应用效果如图 10.47 所示。

图 10.46 "极坐标"对话框

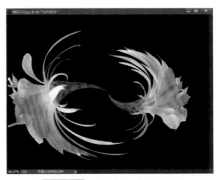
图 10.47 极坐标应用效果

10.8　实战练习

案例 10-7　打造星球效果

第一步：打开"87 东方明珠 .jpg"照片，如图 10.48 所示。

第二步：执行"图像—图像大小"命令，查看一下照片的尺寸，如图 10.49 所示，其宽度为 24.69 厘米，高度为 18.52 厘米，分辨率为 72 像素 / 英寸；对尺寸不要做任何修改，只是为后面一步裁剪时提供个尺寸参考。单击"确定"或"取消"均可，将对话框关闭。

图 10.48　东方明珠

图 10.49　"图像大小"对话框

第三步：工具箱单击"裁剪工具" ![裁剪工具图标]，在工具选项栏设置宽度和高度均为 18 厘米，分辨率为 240 像素 / 英寸，如图 10.50 所示，将照片裁剪，尽量把东方明珠建筑放在正中间，如图 10.51 所示，按回车键，裁剪结束。不要忘记按"Ctrl ＋ 0"，因为照片的分辨率被改大了（原来 72 像素 / 英寸），照片的容量变大了，所以裁完后照片显示不完整了，按"Ctrl ＋ 0"，可将照片满画布显示。

图 10.50　"裁剪工具"工具选项栏设置

第四步：执行"图像—图像旋转—垂直翻转画布"命令，效果如图 10.52 所示。

图 10.51　裁剪位置图

图 10.52　垂直翻转效果

第五步：执行"滤镜—扭曲—极坐标"命令，会弹出"极坐标"对话框，在这个对话框中默认"平面坐标到极坐标"选项被勾选，单击显示比例中缩小符号 ![缩小符号]，使预览窗的内容显示完整，可看到效果，如图 10.53 所示，单击"确定"。

第六步：图 10.54 所示是应用了"极坐标"后的效果，但感觉有一条接缝很明显，工具箱可用"修补工具" 或"污点修复画笔工具" 将接缝处修好，当然也可以用"涂抹工具" 沿着接缝处拖移涂抹，使得接缝处更加自然。

图 10.53　"极坐标"对话框

图 10.54　极坐标应用效果

第七步：打开"09 火烧云 .jpg"照片，如图 10.55 所示，工具箱单击"移动工具" ，将火烧云照片的内容拖到东方明珠照片上，两张照片尺寸不匹配，如图 10.56 所示，要执行"编辑—自由变换"命令（或按"Ctrl + T"），将火烧云照片放大，使其遮盖住东方明珠照片，不要忘记按回车键去掉变换框。

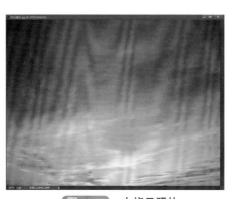

图 10.55　火烧云照片

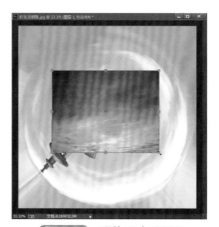

图 10.56　照片尺寸不匹配

第八步：在"图层"面板上，将"图层 1"的混合模式改为"线性加深"，如图 10.57 所示，最终效果如图 10.58 所示。当然也可以用其他的混合模式，得到不一样的效果。

第九步：执行"图层—合并可见图层"命令，再执行"文件—存储为"命令，将作品保存好。

说明：

① Photoshop 的滤镜分为两类，一类是对原图没有破坏性的滤镜，另一类是对原图有破坏性的滤镜。破坏性滤镜多以扭曲滤镜为主，其中极坐标的破坏性可以算是相当大的一种。因为极坐标的破坏性，很多人认为这个滤镜对于图像、照片的处理没有什么太大的实际应用，但是如果对于一些抽象的图像，觉得这个滤镜还是有些地方值得研究一下的，希望各位通过该案例会有所启发。

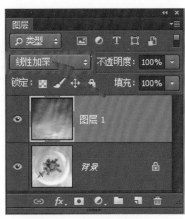

图 10.57　更改混合模式

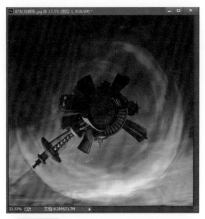

图 10.58　应用"线性加深"效果

② 尽量将照片裁成正方形，因为照片太宽或太高了，制作出来效果不太好，一是角度不一样，二是接缝的地方痕迹比较严重，需要修复的区域大。对于初学者来说修复是比较有难度的，要用"仿制图章工具"、"修复画笔工具"及"修补工具"等工具来进行修补，这样会增加好多工作量，且修复效果不一定理想。

③ 本文所用的两张照片都是从网上下载的，大家可以发挥一下想象力，用其他的照片制作一下，一定会得到更多意想不到的效果。

附录一　Photoshop CC 常用快捷键表

序号	快捷键	功能	序号	快捷键	功能
1	Ctrl＋N	新建空白图片	18	Ctrl＋E	向下合并
2	Ctrl＋O 或双击工作区	打开照片	19	Ctrl＋Shift＋E	合并可见图层
3	Ctrl＋S	存储（保存）	20	Ctrl＋A	全选
4	Ctrl＋Shift＋S	存储为（另存为）	21	Ctrl＋Shift＋X	滤镜—液化
5	Ctrl＋C	拷贝（复制）	22	Ctrl＋Shift＋I	反选
6	Ctrl＋V	粘贴	23	Ctrl＋Alt＋R	调整边缘
7	Alt＋Delete	用前景色填充	24	Ctrl＋D	取消选择
8	Ctrl＋Delete	用背景色填充	25	Ctrl＋0	满画布显示
9	Ctrl＋T	自由变换	26	Ctrl＋＋	放大
10	Ctrl＋L	色阶	27	Ctrl＋－	缩小
11	Ctrl＋M	曲线	28	Esc	取消操作
12	Ctrl＋U	色相／饱和度	29	空格键＋鼠标拖动	局部浏览
13	Ctrl＋B	色彩平衡	30	Ctrl＋I	反相
14	Ctrl＋Shift＋U	去色（制作黑白照片）	31	X 键切换 " 前景色／背景色"	
15	Ctrl＋J	通过拷贝的图层	32	D 键默认 " 前景黑／背景白"	
16	Ctrl＋Alt＋G	创建剪贴蒙版	33	用 "［　］"键来调节 "画笔工具"、"图章工具"、"橡皮工具"等几种工具笔刷的大小	
17	F7	显示／隐藏图层面板			

34. 用移动工具将一张照片拖移至另一张照片上＝复制＋粘贴（图层增加）。

35. 配 "Alt" 键用移动工具在同一画布上拖移选中的照片＝复制＋粘贴（图层增加）

附录二 《Photoshop CC 图像处理入门教程》素材内容

《Photoshop CC 图像处理入门教程》素材（一级目录名）		
二级目录名和文件名	三级目录名和文件名	四级目录名和文件名
附件（目录名）	画笔 4 套（目录名）	云雾笔刷等 4 个 abr 文件
	图案 2 套（目录名）	gj100728_3 等 2 个 pat 文件
	样式 2 套（目录名）	竖条花纹 2 块等 2 个 asl 文件
图像素材（目录名）	花卉（目录名）	鲜花 001 等 22 个 jpg 文件
	01 个人照片抠图等 100 个 jpg、psd、atn 文件	

参考文献

[1] 林竞，林卫星. 快速掌握图像处理. 北京：化学工业出版社，2010.

[2] 盛秋. Photoshop CS6 从新手到高手. 北京：人民邮电出版社，2013.

[3] 马震春，穿越 Photoshop CC. 北京：人民邮电出版社，2015.

[4] 张凡. Photoshop CC 基础与实例教程. 北京：机械工业出版社，2014.

[5] 曹培强，冯海靖. Photoshop CC 从入门到精通. 北京：人民邮电出版社，2015.